悟·破·习

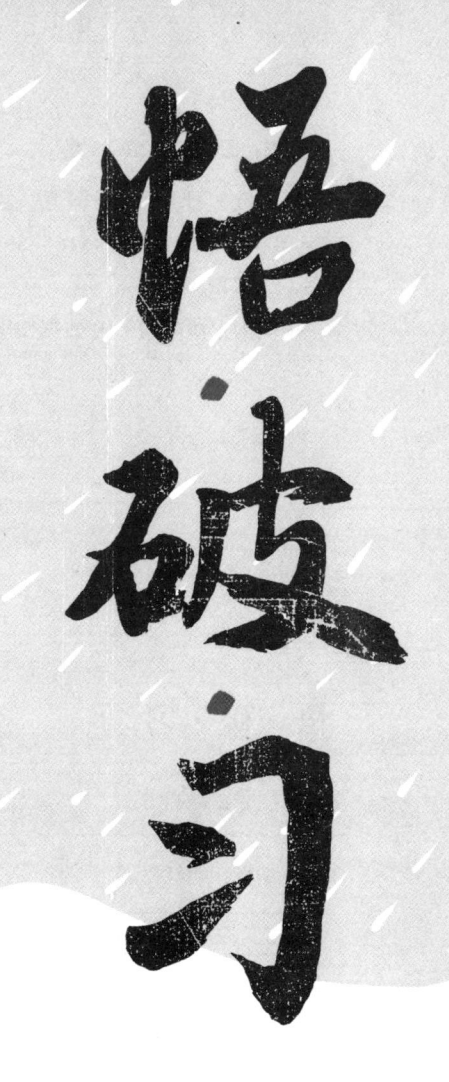

冯晓雪 编著

台海出版社

图书在版编目（CIP）数据

悟·破·习 / 冯晓雪编著 . -- 北京：台海出版社，
2024. 8. -- ISBN 978-7-5168-3943-0
Ⅰ . B848.4-49
中国国家版本馆 CIP 数据核字第 2024MX5603 号

悟·破·习

编　　著：冯晓雪

责任编辑：姚红梅　　　　　　封面设计：韩海静

出版发行：台海出版社
地　　址：北京市东城区景山东街 20 号　邮政编码：100009
电　　话：010-64041652（发行，邮购）
传　　真：010-84045799（总编室）
网　　址：www.taimeng.org.cn/thcbs/default.htm
E‑m a i l：thcbs@126.com

经　　销：全国各地新华书店
印　　刷：三河市燕春印务有限公司
本书如有破损、缺页、装订错误，请与本社联系调换

开　　本：710 毫米 ×1000 毫米　　1/16
字　　数：118 千字　　　　　　　印　　张：11.5
版　　次：2024 年 8 月第 1 版　　　印　　次：2024 年 8 月第 1 次印刷
书　　号：ISBN 978-7-5168-3943-0

定　　价：59.00 元

版权所有　　翻印必究

序言 / preface

如何拥有幸福的人生？是大家都关注的问题，我们用一生的时间寻找问题的答案，但实际上，在中国传统文化的精髓中已有答案。

想要收获幸福的人生，就需要先了解自己、了解他人、了解环境，这个过程叫"悟"。通过"悟"，知道自己是什么样的人，在某些方面有优势、某些方面是劣势，从而学会扬长避短；通过"悟"，找到梦想所在；通过"悟"，和平凡的自己和解。人生就是不断挑战自己、不断和自己和解的过程，结果不重要，过程才重要。

想要收获幸福的人生，更要做到不破不立，打破常规，才能找到新的路径，这个过程叫"破"。中华文明上下五千年，曾经陷入僵局而动弹不得，但我们永远走在"破"的道路上，改革、变法，不破不立。人生同样如此，破除框架，是"破"束缚的枷锁；勇于挑战，是"破"的勇气，如果不够勇敢，畏首畏尾，又怎么革新呢？读更多的书、掌握更多的知识，是给"破"增添理论支撑，在伟人的肩膀上继续攀登。

想要收获幸福的人生，还要做到修身养性，让自己的心灵找到安放之处，这个过程叫"习"。很多外在事物会烦扰我们的心，让我们变得浮躁，不能静心。通过"习"，让内心得到平静，让胸怀得以宽大，让世间纷扰如过眼烟云。

人生在世，短短数十寒暑，所求因人而异，但本质都是为了追求人生幸福，实现自我价值。但在追求幸福的过程中，内心会产生波澜，形成执念和遗憾；情绪会产生波动，形成沮丧和低落；心气会随之起落，堕落和颓废便乘虚而入。"悟"可以抵抗执念；"破"可以找寻新的方法；"立"可以放空执念。悟、破、习合一，并非空谈，而是祖宗传下来的智慧，帮助我们寻找解决问题的方法，寻求进步的空间，更能找寻内心世界的平静和释怀。

无论我们的事业有多么成功、收获了多少名利，无论我们赚了多少钱、享受了多少物质，所能获得的成就感和满足感都是短暂的，都不过是身外之物。真正能让我们感到幸福的不是过眼云烟的外在，而是源于内在的感知。唯有内心平静而充盈，才能让人生变得多彩而充实，才能让情感变得温暖而真实，才会让外在物质褪去迷惑的色彩。故而，在成长的道路上，不仅要收获外在的物质，更要感受真实的内心世界，使其丰富而多彩。

悟也好、破也好、习也罢，都是古人经历了岁月的蹉跎和洗礼才获得的顿悟，而我们看着他们撰写的著作，品读他们的人生，感悟他们的收获，在成长中运用他们的智慧，绕过他们走过的弯路，抵达人生的彼岸。

目录 / contents

上篇 悟 看清世界和自己

第一章　悟己·看清自己的内心 …………………… 2

　1. 自知之明，乃根本 …………………… 2

　2. 我之优势，不难寻 …………………… 7

　3. 心生向往，是理想 …………………… 11

　4. 不如意事，道寻常 …………………… 15

第二章　悟他·寻找携手之人 …………………… 21

　1. 多言之人，不可信 …………………… 21

　2. 光说不做，不可交 …………………… 25

　3. 抵住诱惑，守原则 …………………… 29

　4. 德才兼备，世难求 …………………… 33

第三章　悟人性·理解人性善与恶……………………… 38

　　1. 事先讲明，先小人后君子……………………… 38

　　2. 降低期待，没有期望就没有失望……………… 42

　　3. 明确边界，消除模糊地带……………………… 46

　　4. 理解万岁，每个人都是独立的个体…………… 50

第四章　悟世道·尊重规律…………………………… 54

　　1. 不颓然，懂得顺势而为………………………… 54

　　2. 不执迷，注重内心的平静……………………… 59

　　3. 不贪念，繁华皆是过眼云烟…………………… 63

　　4. 不作恶，用善意和真诚看待世界……………… 66

中篇　破　打破自身局限和外在束缚

第一章　破局限·格局决定高度……………………… 72

　　1. 放大格局，不拘泥于眼前得失………………… 72

　　2. 打开胸襟，切勿斤斤计较……………………… 76

　　3. 心态积极，不被小挫折逼退…………………… 81

　　4. 用心体会，正确理解人生方向………………… 85

第二章　破规则·摆脱束缚就是突破……………… 90

　　1. 勇敢地迎接挑战，不惧怕失败……………… 90

　　2. 拒绝墨守成规，敢为天下先………………… 94

　　3. 懂得利用隐形规则…………………………… 99

　　4. 谁都挡不住时代的步伐……………………… 102

第三章　破认知·补齐精神世界的短板…………… 106

　　1. 打破知识壁垒，向优秀的人求教…………… 106

　　2. 互联网世界，只有想不到，没有做不到…… 110

　　3. 不可都相信，不可不相信…………………… 114

第四章　破杂念·人生是一场修行………………… 118

　　1. 戒除低端的欲望，培养更高的追求………… 118

　　2. 在自律中找到成就感………………………… 121

　　3. 诚信待人，真诚待己………………………… 125

　　4. 修身齐家，家和万事兴……………………… 129

下篇　习　在修行中完善自身

第一章　习专业·立身之本………………………… 134

　　1. 在业内做精益求精的人才…………………… 134

  2. 制定规划，不虚度光阴……………………139

  3. 发展带来新机遇……………………………143

第二章 习勤奋·积极应对……………………………147

  1. 要有忧患意识和危机意识…………………147

  2. 勤能补拙，笨鸟先飞………………………149

  3. 再多坚持一下，或许会柳暗花明…………153

第三章 习气度·胸襟宽广……………………………157

  1. 无欲无求，留给自己宽广的空间…………157

  2. 不轻言原谅，也不轻言怨恨………………160

  3. 不与小人论短长……………………………162

第四章 习为人·坦荡洒脱……………………………165

  1. 善良有度，春暖花开………………………165

  2. 学会隐忍，才是真的成长…………………168

  3. 坚持原则，固守底线………………………170

  4. 乐观洒脱，此心安处是吾乡………………174

上 篇

悟

看清世界和自己

第一章　悟己·看清自己的内心

1. 自知之明，乃根本

我们常常都会想：为什么明明懂得很多道理，却仍过不好这一生？人们常常陷入各种精神内耗和焦虑，有人说，是生活压力太大了，有人说，是看不到希望了。言而总之，都是"环境如此，我能如何"的感慨。其实，真正的问题在于自己。因为我们看不清自己、不了解自己，所以才会有这样那样的顾虑。

在很多伟大的哲学家提出的各种理论中，了解"我"，都是最根本的问题，只有了解了"我"的本质，才能解决其他问题。老子曰："知人者智，自知者明；胜人者有力，自胜者强。"意思是说：能够了解别人的人拥有智慧，能够了解自己的人则是真正的高明之士；战胜别人的人是有力量的，但战胜自己的人才是真正的强者。这句话，最终演变为成语"自知之明"。

然而，人最难做到的就是有自知之明，简单来说，人很难真正了解自己的所思所想、想要做的事情、能做到的事情。从古至今，最终取得胜利的人都是对自己有着清晰认知且能充分发挥长处的强者，在前行的过程中，他们会随时调整自己的方向，在合适的时机进行自我反省。

一个对自己没有清晰认知的人会怎么样呢？会迷失自我。迷失自我的人通常有两种表现：一是在找寻人生方向的过程中毫无主见，别人说什么就是什么；二是过分在意别人的评价，需要在别人的肯定中找寻人生价值。

战国时期，齐国有两位大臣，邹忌和徐公。相比于其他历史人物的功绩而言，他们两个人更出众的是相貌，都是身高八尺的英俊青年。不过，二人虽然都听说过对方，却没有机会相见。

邹忌是比较在意自己容貌的人，他认为自己的相貌天下第一，也会常常问身边的人。他询问自己的妻妾，自己和徐公相比，谁更英俊？妻妾都说："当然是相公更英俊，别人都比不上你！"邹忌听完很高兴。

有一天，邹忌款待自己的朋友，宴席间，他问朋友见没见过徐公。朋友说见过。邹忌又问，自己和徐公相比，谁更英俊？朋友说："实不相瞒，您比他英俊多了！"其他朋友也都纷纷附和，表示徐公没有邹忌英俊。

时间久了，徐公也听说邹忌总是向周围人打听自己，便决定来拜访邹忌。邹忌连忙把徐公迎进家门，好生招待。从第一眼看到徐公开始，邹忌就觉得此人英俊不凡，且举止得当、谈吐有度，让他都忍不住在心里赞叹。为了确定自己和徐公到底谁更英俊，邹忌还特意对着铜镜审视了一下自己的相貌，然后比对着徐公的相貌，最后他确定：徐公比自己更英俊。

当天晚上，邹忌在床榻上辗转反侧，仔细思考着：为什么明明徐公比自己更英俊，妻妾和朋友却都说徐公不如自己呢？紧接着，他想明白了，妻妾是家人，自然会觉得自己更优秀，我的朋友有求于我，自然会恭维我，他们怎么可能客观地评价徐公的相貌呢？更可笑的是自己，竟然没有自知之明，在家人和朋友的称赞中迷失了自己。

很多人都有与邹忌类似的情况，过分看重别人的评价，归根到底，就是对自己没有清晰的认知。

对于普通人而言，如何对自己形成清晰的认知呢？四个字：

三省吾身。

很多人都错误地以为，自己的价值需要得到别人的肯定和评价。不可否认，他人的评价确实是认清自己的一个途径，但并不是全部。因为我们无法保证他人的评价是理性客观的，如果对方过分夸张，只会让自己陷入"不自知"的错误认知里。我们要先问问自己的内心，我是谁、我想要什么、我能做什么，这些都需要通过客观的自我观察进行判断，并且在生活实践中不断完善和总结，继而找到更清晰的答案。

孔子有位学生，名叫曾参，是一众学生里进步最快的，也因此得到了孔子的喜爱。别人问他是怎么取得这么好的成绩的。曾参说："吾日三省吾身，为人谋而不忠乎？与朋友交而不信乎？传不习乎？"意思是，"我每天都会从多方面反省自己：为别人做事是否尽力？和朋友交往时有没有不真诚？老师教授的内容我有没有好好温习？"如果做得没问题，就说明今天过得非常有意义；如果没做好，就说明有不妥之处，要在第二天改正过来。

曾参的这个方法值得我们学习，每天在临睡前回想一下今天都做了什么、是否遵从了本心、是否达成了目标、是否有所提升等。这么做并不是给自己施加压力，而是为了更好地认识和了解自己。这种认知并不局限于学习和工作，也包含生活和情感。

老子认为，能够了解自己，才是真正的高人，才是人生的强者，所以特别强调探索自我的精神世界（即悟己）。而古希腊的苏格拉底也提出了类似的哲学观点，即"认识你自己"。两个人都在强调自知的重要性。

但是，现代生活节奏过快，导致很多人忙于各种事务，而失去了对重要事情的关注，这不仅让人失去了人生的方向，也失去了自己的本心。他们缺少自我认知的时间和能力，最终成为缺乏自知之明的庸人。

真正的自知，是要遵从自己的内心，了解自己的能力，清楚自己在做什么，明辨他人评价的真伪，不内耗、不盲从，找准人生方向和定位。有了明确的认知，自然也就清楚自己在什么阶段该做什么事，能做到什么程度，不会被别人的诋毁轻易打倒，不会被他人的吹捧蒙蔽双眼，这就是你的立足之本。

2. 我之优势，不难寻

"优势"是积极向上的，是充满希望的。所有人都希望自己能够拥有更多的优势，减少自身劣势，借此来提升自己的竞争力，实现自我价值。

要想拥有更多的优势，首先要找到自己的优势。或许有的人会说，我怎么会不知道自己的优势呢？我每次在自我介绍里都会写明的，类似"性格温和""踏实肯干""有诚信"……但是，这些是真正的优势吗？

真正的优势是通过悟己来完成的，而不是泛泛而谈的标签。何为优势？古诗中说："梅花优于香，桃花优于色"。简单来说，就是别人没有我独有，别人拥有我优秀，让独有和优秀成为自己真正的标志。

悟己，是找寻真正优势的关键，因为很多人还未开悟，所以才会执着于常人都有的，把那些当作是自己突破困境的"武器"，而忽略了内在优势的力量。

马龙是世界知名的乒乓球运动员，是首位集奥运会、世锦赛、世界杯、亚运会、亚锦赛、亚洲杯、巡回赛总决赛、全运会单打冠军于一身的超级全满贯运动员。在一场慈善晚会上，主持人介绍马龙的辉煌成绩时用了很长时间，足以见得他的优秀。

　　然而，在马龙的运动生涯中，他也曾经因为伤病而产生过退役的想法。在2019年，马龙的膝盖出现了非常严重的损伤，导致他在很长一段时间内无法正常参加比赛。当时，摆在他面前的有两个选择：一是保守治疗；二是进行手术。保守治疗，并不能彻底解决他因病痛而带来的身体损伤，只能减缓，对于一个运动员而言，这并不是一个好办法。进行手术，要冒很大的风险，因为手术之后会有很长一段恢复期，恢复成什么样子，医生不能保证。在马龙之前，也有很多运动员患上同样的伤病，他们选择手术后，都无法恢复曾经的身体状态，更无法恢复之前的技战术水平，最终选择退役。

　　面对两难的抉择，马龙思前想后，还是决定进行手术，至于能康复到什么程度，只能是尽自己最大的努力了。果不其然，在手术和康复训练之后，马龙的身体状态大不如前，很多以前能做的技战术都无法发挥出来。在那段难熬的时间里，他也曾迷茫过，是否还有坚持下去的必要？但是，他心里那股对乒乓球的热爱告诉他，不能就这样轻易放弃。于是，他开始寻找更适合自己身体状态的技战术。自己的必杀技是什么？和其他运动员相比，自己的优势是什么？答案是大赛经验、自我修正能力和现场解题能力。

可以这么说，在技术层面上，马龙和很多同期优秀的运动员不分伯仲，若论赛场上的解题能力和全面性，马龙绝对是一骑绝尘的存在，几乎没有短板，任何方面都能和对手进行搏杀，所以才会有"六边形战士"的美誉。虽然身体条件大不如前，但大赛经验能够稳定心理、临场解题能力能够随时变通，这些都足以让他找到弥补伤病困扰的方法。

2021年东京奥运会男子乒乓球单打决赛，马龙击败了对手樊振东，蝉联了奥运会冠军。他能赢得比赛，能够延续自己的乒乓球事业，靠的就是自己强大的内核优势。

所谓内核优势，就是在充分审视自我之后找到的力量源泉。有的人找到的是坚持，愿意沉下心来打磨自己；有的人找到的是格局，站在风口上抓住了时代的机会；有的人找到的是热爱，凭着一颗赤子之心勇往直前；有的人找到的是珍惜当下，放下心中执念，享受美好生活……

千人千面，每个人找到的内在优势力量都是不同的，这才符合悟己的本质。因为我们的过往经历不同，看重的事物不同，得出来的优势自然也是有区别的。不用过分执着于这份优势是否体面，而是要看它是不是真的对自己的人生有帮助。

如何找到自己的优势呢？这是很多人心中最大的疑问。不可否认，大部分人都是普通人，但普通人的身上也会有闪光点，不要妄自菲薄。

首先，平心静气地询问自己的内心："我到底想要什么？"答案有很多种。但这个问题不能缺少，这是在悟己。找到答案后，你才能知道如何寻找优势。然后，把自己的所有优点列出来，找到那个能够帮我们取得想要的事物的优点。接着，再问自己一个问题：这个优点已经发挥到最大化了吗？如果答案是否定的，紧接着的问题就是"该如何把优点发挥到最大化"；如果答案是肯定的，那么恭喜你，这就是你的核心优势。最后，再从核心优势进行发散，找到与之相对应的次要优势。比如，能够坚持的人一定是勇敢的，因为在坚持的道路上势必要遇到很多困难和坎坷；能够审时度势的人一定是具备高情商的，因为在人际交往中难免会遇到尴尬的时刻；能够出口成章的人一定是具有丰富的知识储备，因为在对话的过程中需要引经据典地说服对方……

如果只停留在"我必须找到自己的优势所在"，那你找到的所谓优势，也只是停留在表面，而无法成为你的标志，更无法帮助你走出困境、走向成功。

3. 心生向往，是理想

一提到"理想"，很多人都误以为它是一个高深莫测的词，离我们的日常生活很遥远。实际上，理想，是内心渴望达成的远景，是穷尽一生渴望抵达的彼岸，是花费一生的时间去追寻的目标。它可以是比较虚幻的"过上幸福美好的生活"，也可以是非常具体的"赚到多少钱就去游山玩水"，更可以是朴实无华的"把父母接到大城市，和自己一起生活"。

理想可以是朴实的、接地气的，也可以是充满梦幻色彩的、高大上的，但一定是自己内心中最渴望的。我们经常能够在影视作品里看到类似的情节：一个人特别想要出人头地，要让所有人都看得起自己，但是他的所有举动都得不到亲朋好友的支持，即便是成功了也变成了"孤家寡人"。到头来，才发现世间最珍贵的还是人与人之间的情感纽带，那才是散发着人性光芒的真善美。他想出人头地错了吗？没错！他的举动得不到亲朋好友的支持，正常吗？太正常了！每个人的三观都不同，你认为轻于鸿毛的事情在别人眼里可能重于泰山，你认为天崩地陷的危机在别人眼中可能不过尔尔。最后变成孤家寡人怨谁呢？怨自己不该如此执着，还是怨亲朋好友跟不上你的脚步？都不是，是你错误定义了"理想"。

错误定义"理想"的最大问题在于没有悟己，没有想明白自己心之所向的"理想"究竟是出人头地，还是真善美的情感纽带。

一个人的人生需要经历稚嫩期、成长期、成熟期、中庸期和衰老期不同的阶段。几十年的时间，从刚开始想要一套玩具，发展为想要当科学家、医生、警察，再到成绩好不好、能选择什么专业，最终决定你能成为什么样的人，你的能力能达到什么高度；情感方面也如此，从最开始想要成为父母的好孩子，发展为想要成为社会的栋梁，再到不认命想要拼搏，或是最终面对现实承认自己不过是个普通人。每个阶段的理想都有可能发生变化，我们该如何寻找自己的人生"理想"呢？答案在你的心里，且只在你的心里。

李时珍，明朝著名的医药学家，他的著作《本草纲目》是举世闻名的医药学巨著。他小时候身体不好，曾经生过一场大病，幸而被医术高明的父亲李言闻治好。从那时起，他就想成为一名大夫。然而，李言闻深知行医的艰难和无奈，不愿意让李时珍重蹈覆辙，就让他努力考取功名走仕途。

李时珍明白父亲的良苦用心，便努力读书去参加科举。但在中了秀才之后，他三次参加考试都未能考中，这对他的打击非常大，让他陷入了自我怀疑和自我否定中无法自拔。一方面是父亲的热切愿望，希望他考取功名；另一方面是他内心对医学的喜爱。后来，他终于想明白了自己想要的是什么，与其在不擅长也不喜欢的领域上继续努力，不如遵从自己的本心。于是，他找到父亲，郑重其事地请求父亲教自己医学。

知子莫若父，李言闻也知道儿子不愿意再去参加科举考试，便问他是不是已经下定决心了。李时珍非常坚定地表示，自己已经确定了想要学医，还请父亲成全。李言闻又说，你知道学医之后要面临什么吗？学医需要见识很多病例，要亲眼看到病患所经历的痛苦，还要承担治疗失败、患者病故带来的挫败。李时珍说自己已经做好了所有准备。李言闻见状，也不再阻拦，让儿子跟随自己学医。

李时珍在医学方面非常有天赋，年纪轻轻就拥有了高超的医术，就连父亲李言闻也说，自己已经没有什么可以教他的了。李时珍开始独自问诊，很快就成为远近闻名的名医。后来，李时珍家乡的楚王也听说了他的名号,便邀请他进入王府。后来,他又被楚王推荐去了太医院。原本李时珍不想离开家乡和父亲,但他听说太医院里有许多特别珍贵的医书资源时,他为了让自己的医术更精湛,便进入了太医院。

在太医院任职期间,他利用一切时间阅读大量医书,却发现很多医书中存在漏洞,很多草药的描述都不准确。于是,他萌生了想要撰写一本医药学著作的想法,便辞去了太医院的官职。

李时珍把这个想法告诉了父亲,父亲看着成熟的儿子,拿出了家中的积蓄,支持儿子的理想。就这样,李时珍舍弃了荣华富贵,离开了家中老父,舍弃了安稳的生活,整日风餐露宿,穿梭于乡间地头,每次遇到不常见的草药,都要效仿"神农尝百草",只是为了准确记录草药的药效。

李时珍用了大半生的时间,终于完成了这本近二百万字的《本草纲目》,完成了人生理想。他去世三年后,《本草纲目》才面世。尽管他没有亲眼看到自己的杰作在世人面前展现,但他无疑为中国的医药史做出了巨大的贡献。

理想是心之向往,是穷尽一生也愿意为之奋斗的目标。如果按照世俗的标准来看,李时珍有三个放弃:放弃了继续走科举之路(求学)、放弃了太医院的高官厚禄(事业)、放弃了陪伴父亲（亲情），最终完成了撰写工作（理想）。在这个过程中，李时珍也遇到过挫折，也面临追求理想和照顾家人的艰难抉择，但他坚定地选择了自己的理想，并且从来都没有后悔过、动摇过。这就是理想的力量。

对于普通人而言，我们需要找到自己的理想是什么，它或许只是一个特别普通的小目标，但只要是你心中所想，就认准它。人生最忌讳的是这也想要、那也想要，最终只能是彻底迷失在自我怀疑的漩涡里。如果发现理想的方向错了，也要有勇气及时调整，就如同李时珍果断放弃科举考试一样，朝着内心的方向努力前行。

4. 不如意事，道寻常

世人常说："不如意事常八九，可与语人无二三。"每个人的内心世界都浩瀚如宇宙，有能够温暖一生的力量来源，也有不愿碰触的遗憾和伤痛。那些遗憾，可以小到没有和有过同窗情谊的旧友好好道别，可以大到足以转变人生却无能为力的错过，更有可能是说完再见却再也见不到的人。那些伤痛，可以是来自现实的打击，也可以是自己因为年少轻狂犯下的错，更可能是被最亲近的人所背叛。

年轻时，我们可以满怀豪情地说："那些杀不死我的、打不垮我的，终将变成成长的沃土，让我可以更清醒地看待整个世界。"因为我们还没有充分认识自己、认识他人、认识世界，所以总认为没有必要和内心世界里的遗憾达成和解，才会以"战士"的姿态去面对。自我成长就是不断和自己和解的过程，内心世界里的"不如意"就是主要的和解对象。

当一个人真正成长、成熟之后，对待周遭的人和事会变得更具平常心，这并不是说那些不如意之事不重要了，而是自我的内心更坚定、更强大了，这便是悟己的高度。在历史上，有很多名人都曾经与人生、与命运对抗，但当他们学会和自我和解之后，就会将曾经执着的遗憾变成人生的阅历。

"滚滚长江东逝水，浪花淘尽英雄。是非成败转头空。青山依旧在，几度夕阳红。

白发渔樵江渚上，惯看秋月春风。一壶浊酒喜相逢。古今多少事，都付笑谈中。"

一首《临江仙·滚滚长江东逝水》，让所有人都记住了这个名字——杨慎。他出身官宦大家，父亲杨廷和是内阁首辅，位极人臣。在世人的眼中，年轻高中的杨慎有着无限光明的前途，进入翰林院担任翰林修撰兼经筵讲官，成为内阁成员只是时间的问题。然而，明世宗继位，打乱了杨慎顺风顺水的成长道路。

明武宗没有亲生儿子，他去世之后，只能从他的兄弟中寻找合适的继承人，杨廷和等内阁大臣思来想去，就想到了朱厚熜，也就是后来的嘉靖皇帝。但是，当朱厚熜继位之后，关于朱厚熜的父亲兴献王的尊称和祀典问题，掀起了"大礼议"事件。在杨廷和等官员看来，朱厚熜想要名正言顺地继位，就必须过继给明孝宗（明武宗之父）为子，自然就不能再称呼兴献王为父亲，兴献王的尊称还是"王"，祀典规模就应该按照王爷的标准。但在朱厚熜看来，既然我当了皇帝，我的父亲自然就是太上皇，怎么能按照王爷的标准呢？双方就这个问题吵得不可开交。

原本这和在翰林院任职的杨慎并不相关，也不是他的分内事，但后来朱厚熜找到了自己的帮手——张璁，他写了一篇疏文，支持朱厚熜将兴献王尊称为太上皇，并且引经据典，证明可行。这封疏文直指杨廷和，意思是说杨廷和把控朝政，欺负新皇帝没有根基，这番话说到了嘉靖皇帝的心坎里，他立刻将疏文这块烫手的山芋扔给了杨廷和。自此之后，杨廷和和张璁之间的矛盾日益激化，而张璁因为这篇疏文一步步晋升，最后逼得杨廷和辞官回乡。

杨慎作为杨廷和的儿子，看到父亲被逼到如此地步，便连同其他官员上《乞赐罢归疏》辞职，言辞犀利，剑锋直指张璁。明世宗看后大怒，认为杨慎太过狂妄，而正在得意之时的张璁也怒斥杨慎欺君。二百多名官员听说后，都相约到左顺门前面抗议。明世宗下令逮捕杨慎等一百多名官员并加以廷杖。随后，明世宗将杨慎发配至云南。

杨慎曾经有着一片光明的前途，如今却被一场"大礼议"事件彻底葬送。在明朝，云南是边陲之地，环境恶劣，这份落差足以击垮一向骄傲的大才子。没人知道，在被流放期间，杨慎是否仰头望月，感慨自己的人生境遇，是否唉声叹气，抱怨命运的捉弄。作为一名官员，杨慎被流放到边陲之地，做着边缘小官，数十载寒窗苦读成了空谈。但作为一名文学家，他的作品流传千古。

一句"古今多少事，都付笑谈中"，让人们看到了与命运和解、与自己和解的大文豪的胸襟和气度。

没有任何人能够一直顺遂，总会有遇到坎坷、陷入低谷的时候。我们无法左右命运，却能通过悟己来达到心态的平和。或许有些读者会认为，这怎么还能悟己呢？谁都不愿意遇到不如意之事,悟己又有什么用呢?当然有用,悟己的真正作用是调整心态从而达到释怀。

先问自己:是否尽了全力?不如意之事,一定是产生了自己不愿意面对的结果,如果我们尽了全力都没得到好的结果,要么是能力不够,要么是运气不佳,既然如此,不如放过自己。就如杨慎在"大礼议"事件中的所作所为,他当时只是翰林院的一个小官,能够仰仗的父亲杨廷和已经辞官,要坚守本心只能通过言官的上疏方式,所以他尽了全力。

再问自己:是否后悔这么做?人每做一件事情都有自己的初衷和理由,产生了不良后果后,如果后悔了,就要从这件事中吸取教训,避免重蹈覆辙;如果不后悔,那就说明这件事情即便是不好的结果也符合本心,自然就不用强求。杨慎在被流放期间,并没有因为自己坚持对抗张璁等人而后悔,也没有为自己对抗皇权而后悔,他要的是符合自己内心的正义。

最后问自己:是否有所收获?一件事教会我们成长,一个人让我们懂得情感,或许在失去之后,我们难免怅然若失,但总有历练。杨慎因为一件原本与他并不相关的"大礼议"事件而被流放,在仕途上,他无疑是个失败者,但正是这段经历让他在文学上有所成就。

问完这三个问题之后,你就知道自己是否该放下了。如果对

悟·破·习

一件事、一个人，你已经尽了全力，对自己的所作所为并不感到后悔，而这件事或这个人也让你获得了美好的回忆或足够的成长，为何还要揪着不放呢？学会放下不如意之事，是让自己和过去释怀，是让自己调整心态，迎接未来。沉浸在过去的人永远都找不到希望，因为他们永远都在回头看，却忘记了前行的方向。

第二章　悟他·寻找携手之人

1. 多言之人，不可信

人和人之间的交往靠的是什么？靠的是交流，也就是聊天。通过聊天，我们才有了对彼此的初步认识。有了初步认识，才会有进一步了解彼此的可能，再进行价值观的交流和碰撞，进而判断是否有继续深交的可能。随着现代科技的进步，聊天可以通过各种聊天软件来实现，但最直接也最有效的，一定是面对面进行的畅谈，这样不仅可以保持言语交流的顺畅，还能在很多细节之处进行观察。

畅谈的过程，是悟他的过程。在畅谈之际，可以充分感受到对方是否和自己合拍，是否值得信任，能否提供情绪价值，还可以通过细微之处看出对方是否真诚，是否坦然。同样，通过畅谈对方也能感受你是否与他有同样的想法。

无论是在生活中还是在工作中，如果一个人特别能说会道，你随便开了个头，他就能接下去夸夸其谈，对于这种人，你一定要谨慎对待，正所谓"言多必失"。一个成熟的、有智慧的人在开口之前通常会经过深思熟虑。面对工作伙伴，我们在开口之前要考虑是否会给工作本身带来困扰；面对亲朋好友，我们在开口之前要思考是否会给对方带来麻烦；面对爱人，我们在开口之前要考虑对方的感受……然而，多言之人不会考虑如此周全，所以造成的后果往往不可预估。

英国皇室曾经发生过这样一件事，一个侍女因为"言多"被白金汉宫辞退了。当时，英国很多民众都觉得皇室太小题大做了，为什么要为难一个侍女？随着舆论影响越来越大，白金汉宫不得不出面做了回应。

这名侍女特别喜欢传闲话，经常会把女王的生活习惯当谈资，也会传播一些皇室内部的小道八卦。这并不是什么大事，毕竟她也没有对外当"大喇叭"，管理者听到后就会提醒她注意自己的言行举止。久而久之，这名侍女不再负责女王的起居生活，而是被分配到了后厨。

在后厨工作，不仅要掌握女王的饮食喜好，还要格外注意饮食安全。没想到的是，这位侍女随口就说："女王喝的汤都是我做的，如果我愿意，我可以随时往汤里加点'佐料'，而且绝对不会被人发现。"她说得随意，但听到的人可不敢把这句话当成玩笑，就汇报给了管理者。管理者立刻派人去调查。经过一番调查之后，发现这名侍女并没有这样做过，这句话还真就是一句所谓的"玩笑"。但是，白金汉官不敢再用这样的人，只好以"言行严重不当"为由，辞退了她。

看完这个案例，你是否有十分熟悉的感觉？在生活中，这类人十分常见。他们有可能是坐在村口传播小道消息的大爷大妈，有可能是公司里专门散播谣言的同事，有可能是朋友聚会里总是说悄悄话的张三李四，亦有可能就是你我。

多言之人，往往不知道言语的重量，良言一句三冬暖，恶语伤人六月寒。无意识的小道消息，可能会让有十年交情的好友绝交；一句不经意间的透露，可能让一个原本能够成功的项目流产；一句"我是为了你好"，可能会成为压倒旁人的最后一根稻草。他们说的话看似是无意，但总会变成伤人的利器。无论是朋友的隐私、生活中的八卦、工作中的所见所闻，都能成为他们的谈资，他们不在意被说之人是否会成为舆论的中心，是否会成为别人议论的对象，更不在意说出的话会引发什么后果。

有这样一则帖子：你的亲朋好友对你做过最过分的事是什么？几千个回答里有一种类型的占比非常高：我曾经把我心里的秘密告诉他，但在聚会中，他却毫无顾忌地说了出去，别人因此对我评头论足。这里所说的秘密大多是身体的隐疾、暗恋的对象、私人的情感等。

其中有一则回答是：我去医院体检时发现自己得了子宫内膜异位症，这是一种常见的妇科病，最常见的病症是痛经比较严重，月经不调，医生说可能会影响怀孕。我还没有结婚，所以特别紧张，就和一个表姐说了，表姐听了之后不停地安慰我，让我别担心。我心里特别感动，觉得有家人在真温暖。结果那一年我回老家过年时，所有亲戚都来问我，为什么会得妇科病，是不是在外面私生活太混乱了。我当时都蒙了，一方面我特意嘱咐过表姐不要和别人说，我不想让父母担心；另一方面我得的是妇科病不假，但这种妇科病和私生活没有关系。后来我去找表姐当面对质，没想到表姐却轻描淡写地说，她就是担心所以告诉了她妈妈，也就是我舅妈，结果就尽人皆知了。我跟她说，现在大家都误会我了，让她给我澄清。她却白了我一眼说，人家愿意说，她哪有本事捂住所有人的嘴。从那一刻起我就记住了，有些人是不值得你和她分享秘密的，即便这个人是你的表姐。

佛家将多言、妄言统称为"口业"，从字面意思理解，即口舌犯下的过失。如果将其进行细分，分别是妄言（说谎）、绮语（道听途说）、恶口（言语恶毒）和两舌（挑拨离间之言）。《太上感应篇》讲："祸福无门，唯人自召。善恶之报，如影随形。……故吉人语善，视善，行善"。这也是修身养性中的原则。

悟他，类似于照镜子，"以人为镜，可以明得失"，通过悟他求得悟己。正所谓，己所不欲，勿施于人。我们不愿意和多口业的人交往，是因为他们不值得信任，不懂得尊重他人。同样，我们也不可多犯口业，成为别人口中不可信之人。

2. 光说不做，不可交

人们常说，光说不做——假把式，意指那些喜欢夸大自己的愚人。但在日常生活中，我们似乎总能碰到这样的人：面对爱情，他们嘴上说着甜言蜜语，却根本没有把你的需求放在心上；面对友情，他们拍着胸脯说自己多么仗义，但是千万别有事情求他们，否则等来的永远都是推脱；面对工作，他们似乎无所不能，表现出一副指点江山、成竹在胸的模样，但一到实际操作就开始推卸责任……这类人的特质也是特别能言，而这里的"口业"更多的是指"妄言"，明知自己做不到，却总是表现出自己能做到的样子。

试想一下，如果身边有个同事总是表现出自己很能干的样子，每次开讨论会，他都特别能言会道，似乎所有的问题都能不在话下。你心想，以后遇到问题可以直接找他帮忙。他也通过在会议上的"出色表现"赢得了领导的青睐。当你真正遇到问题要找他帮忙时，他拍着胸脯说包在他身上，然而，时间过去了，问题却没解决，等领导问责时，最后被批评的只有你……

如果这个人是你的领导，在年终总结会和年度展望会上，他对公司的未来规划侃侃而谈，谈笑风生，承诺让每个员工都充分发挥自己的价值，给予最丰厚的待遇。然而，等你询问他如何分配奖金时，他又顾左右而言他，让你打开格局，不能只要求回报而不强调付出。不管是同事还是领导，一旦表现出光说不做的特质，就说明，他们不值得深交。

光说不做之人，往往都是高估自己能力之人。他们无法正确地评估自己的能力，在关键时刻，他们不能提供有效的助力，反而成为拖后腿的人。

历史上最著名的光说不做且造成严重后果的典故就是"纸上谈兵"了。在战国时期，赵国名将赵奢的儿子赵括自幼学习兵法，他对兵书战法中的技巧如数家珍。身边人都说："赵括不愧是名将之后，将来一定也能成为名将。"类似的话听多了，赵括就觉得自己真的能带兵打仗了。但知子莫若父，赵奢很清楚，儿子不是个带兵打仗的将才，便不断告诫他，空有理论不能算会带兵打仗。赵括沉浸在别人的吹捧中，对父亲的话不以为意。

后来，秦国攻打赵国，原本赵王要派遣名将廉颇，但秦军知道赵括自大之后便散播消息，说听闻赵奢之子赵括熟读兵书战法，秦军最怕和他交手，而廉颇的交手次数多了，秦军不惧。赵王听后，竟然信以为真，撤回了廉颇，派赵括领兵。

赵奢知道自己的儿子的水平，千叮咛万嘱咐，希望赵括多听副将和军师的意见，不要自作主张。赵括答应了，但等他到了军营之后，就把父亲的叮嘱抛在脑后，按照兵书战法布置起战术来。

秦军的将领是白起，有"战神"之美誉。反观赵括，是一个只会把兵书战法挂在嘴边、毫无实战经验的人，战争的结果可想

悟·破·习

而知。最终，秦军取得了胜利，而赵括也在战争中被乱箭射死，结束了他的一生。

光说不做之人，往往最容易忽视周围人的付出，不能平等地对待他人。当"赵括"们夸夸其谈之时，往往更在意自夸，甚至是踩一捧一，把周围的人当作垫脚石和绿叶，以此来衬托他们的"能力"。不知情的人听到他们的言语，很容易信以为真，对其他人做出误判。这对周围的人而言，尤其是同事，是非常不公平的。

古希腊思想家德谟克利特说："理想的实现只靠实干，不靠空谈。"与其和这种人虚与委蛇，不如放弃这种无效社交，为自己的社交圈子做减法，把听他夸夸其谈的时间用在别处，即便不是努力提升自己，也能通过各种娱乐来取悦自己。那如何才能识别光说不做之人呢？这并不是一件容易的事情，因为这类人往往都戴着一层假面具，在浅层交往时不容易发现其本质。

首先，这类人经常把"我知道""我明白""我能做"等话语挂在嘴边，遇到事情还没了解清楚，就先强调"我能解决"。要知道，任何人都不可能是全能之才，都会有自己的短板。一旦发现对方在言语中毫无谦虚可言，那大概率就是光说不做的人。

其次，这类人最怕承担责任，尤其是在职场上。说大话是为了逗口舌之快，彰显自己，而不是为了帮别人承担责任。如果一个问题有特别明确的问责制，他们就会退缩。

最后，这类人永远都不会积极进取。他们渴望的是在力所能及的范围内走旁门左道，而不是脚踏实地的实干。

人际交往的目的无外乎两点：一是提供情绪价值，很多好友故交都是如此，他们给予我们世间的温暖、放松的心境；二是提供完善空间，他们更像是学习的榜样，在潜移默化中让我们找到前进的方向，比如优秀的同事能让我们汲取经验，优秀的领导能够给我们指点迷津。而光说不做之人，这两点都无法做到，既然如此，又何必浪费时间呢？更何况，老话说"物以类聚，人以群分"，和这类人深交反而会让他人误解自己，以为我们也是光说不做之人，那岂不是得不偿失了？

人生苦短，把时间和精力放在更值得交往的人身上吧！

3. 抵住诱惑，守原则

人的一生就好似一场漫长的修行，无论你我，都行走在这个充满了诱惑的世界中。大到功名利禄，小到吃喝玩乐，皆是欲望的陷阱。与诱惑相应的，便是人的贪欲，有的人贪图享受名利带来的成就感和满足感，自然就成了名利的奴隶；有的人贪图享受口腹之欲，对任何美食都没有抵抗力，身体自然会有所反应，年纪轻轻就患上"三高"；有的人贪图享受挥金如土的爽快，就会变得眼里只能看到金钱；有的人贪图享受别人的追捧，自然会变得虚荣……面对诱惑，无论是物质诱惑还是精神诱惑，似乎无法抵抗才符合人的本性。

但是，有的人却能够抵住诱惑，不为欲望所迷惑。他们能够抵抗物质的诱惑，陶渊明说："吾不能为五斗米折腰，拳拳事乡里小人邪！"他们能够抵抗名利的诱惑，李白说："安能摧眉折腰事权贵，使我不得开心颜！"他们能够抵抗美色的诱惑，凌濛初说："酒不醉人人自醉，色不迷人人自迷。不是三生应判与，直须慧剑断邪思。"类似这样能够抵住诱惑的人，皆为生活中的强者和勇士。

许衡，金末元初理学家，被誉为"百科书式的人物"，是继朱熹之后，在元朝传播理学的大家。

在他早年时期，曾经发生过这样一件小事：有一年夏末秋初，许衡外出游学，烈日当头，他走着走着便觉得口渴难耐。路边恰好有一棵梨树，他站在树下"望梨止渴"。身边有路人看到后就说，既然先生渴了，梨树上又有刚成熟的梨，不如摘几个梨解解渴。许衡却摇了摇头，说不行，这不是自己的果树，怎么能乱摘呢？路人笑许衡迂腐，说世道混乱，这棵梨树或许早就没了主人。许衡正色道："梨树虽无主，但我心里有主。"许衡宁可自己忍受口渴，也不愿意为了解渴而破坏心中的理学。

在很多人看来，如果是极端的饥渴，甚至可以放弃一些原则，比如，一个人因为贫穷和饥饿在超市里偷拿了一个面包，即便他被店主抓了个现行，周围的人往往会劝说："算了吧，他也是饿极了。"如果店主依然要求报警，路人反而会觉得老板不近人情。殊不知，"千里之堤，毁于蚁穴"，欲望的缺口也是一点点被打开的。

《文子·下德》中有云："所谓为善者，静而无为，适情辞余，无所诱惑，循性保真，无变于己。"意思是说，心存善意的人追求的是心境平和，低调行事，不为世间诱惑所动，保留内心世界的纯真，不被世俗所改变。这样的人，是内心纯净坚定的智者。

东汉时期，有一位名臣叫杨震，他博古通今，被称为"关西孔子杨伯起"，足以见得他的才学。历任荆州刺史、东莱太守，他在赴任东莱时路过昌邑,昌邑县令王密是杨震担任荆州刺史时举荐的官员,听说杨震来到自己的地盘,王密拿出家里的钱财十斤黄金,想要好好"感谢"他。

夜里,王密来到杨震入住的官邸,将十斤黄金递交给杨震。杨震看到后,面露不悦说:"我了解你的为人,你却不知道我的为人,这是为什么呢?"王密说:"现在是黑夜,没有人会知道的。"杨震闻言说道:"天知、神知、我知、你知,怎么能说没有人知道呢?"王密这才明白,原来杨震并不是因为天黑不黑、有没有人在场而拒绝十斤黄金,而是因为自己的原则而拒绝,他觉得自己的举动玷污了杨震的为人,便惭愧地离开了。

能够抵住诱惑的人,内心都非常坚定,不会被诱惑所迷惑。能够抵住诱惑的人,会做出正确的选择,不会让诱惑成为前行路上的阻碍。生活就是不断做出选择,再在选择中继续抉择,并最终承担选择的后果。能够抵住诱惑的人,不畏惧人生的孤寂和坎坷,依然要走对方向,可无法抵住诱惑的人往往会被所谓的热闹吸引,最终与人生方向背道而驰。

能够抵住诱惑的人,都是人间清醒,不会沉沦在诱惑的虚假美好当中。有些所谓的人际关系就如同诱惑的漩涡,它利用一切美好的假象诱导你进入名利场,收获鲜花掌声、热烈吹捧。要及时抽身，不让自己继续沉沦，正所谓，当断不断，反受其乱。

在日常生活中，在面临各种各样的选择和诱惑时，做出的选择和决定就是人性的一部分。比如，一个女生在面对异性的追求时，能够守住本心，不为对方送来的名牌包包、化妆品等物质所动摇，她就是一个能够抵住诱惑的人；一名职工在职场上拒绝走捷径，在洽谈项目时不愿意靠送礼博得对方的青睐，当他面对别人的送礼时也能抵住诱惑。

悟他的本质是通过品味别人的人生来完善自己。我们会情不自禁地对那些抵住诱惑、坚持原则的人心生敬佩，会由衷地承认，这是最高贵的品格之一。悟他的过程，是先认清坚持原则、拒绝诱惑是正确的，再从敬佩之意转换为我也会努力去做，最终变成我也能拒绝外在诱惑，守住底线。

4. 德才兼备，世难求

"德"即品德，乃人性之根本；"才"即才华，乃立足于世之根基。有德无才者，大多是温暖善良的好人，尽管他们自己只是勉强温饱，也不忍看到世间疾苦，但他们没有强大的能力；

有才无德者，他们拥有强大的能力，却因为没有道德束缚而变得不择手段，能力越大，破坏性越大，他们往往是行小善而坏大事；唯有德才兼备者，才能成为人生的导师。正如《资治通鉴》中写道："才者，德之资也；德者，才之帅也。"这句话的意思是，才学为品德的根本，而品德又为才学指引方向。

《道德经》中所讲："知其白，守其黑，为天下式。为天下式，常德不忒，复归于无极。知其荣，守其辱，为天下谷。为天下谷，常德乃足，复归于朴。朴散则为器，圣人用之，则为官长，故大制不割。"这段话的大致意思是，每个人都知道是非曲直，普通人都追求属于真善美的"白"，有德之人却更愿意坚守代表曲折的"黑"，防止内心的白被黑所浸染。只要知道这些底线，人的道德就不会出现问题。当有德之人拥有了才华时，就能为圣人（君王）所用，就能造福天下了。故而，在老子看来，"德"仍然排在"才"之前，重要性可见一斑。

文天祥，南宋的政治家、文学家，世人皆知文天祥那句"人生自古谁无死，留取丹心照汗青"，皆知文天祥因为抵抗元朝从容赴死，以身明志。他有才华，在科举中考取状元，文学上流传千古；他有能力，在南宋末年，已经辞官归乡的他组织民兵抵抗元军，最终因为势单力孤被俘虏；他有道德，国破之际，很多人都劝诫文天祥，留在新朝廷可以谋得一官半职，继续享受荣华富贵，文天祥不为所动。

从容赴死的文天祥对后世的影响很大，在百余年后，一个将他视为偶像的年轻人在危急时刻挺身而出，成功挽救了另一个朝廷于水火。那个人叫于谦。

于谦非常崇拜文天祥，家中也悬挂着文天祥的画像以示对自己的激励。他认为，做官就要做像文天祥那样的官，才对得起百姓，对得起天下。后来，经过数十载寒窗苦读，于谦终于科举中第，成为一名御史。他初次在皇帝面前露脸，是因为一场骂战。

明成祖朱棣在"靖难"的过程中，特别看重朱高煦，但长子朱高炽待人宽厚，深得民心，明成祖朱棣并没有废长立幼，仍然把皇位传给了朱高炽。朱高炽继位短短十个月就死了，皇位又落到了朱瞻基手中。朱高煦认为"靖难"时，自己也付出了很多，但是皇位并没有传给自己，这让他非常不满。于是，汉王朱高煦造反了，但这场叛乱没多久就被平定了。朱瞻基为了立威，便随手指了一名平定大军里的御史，让他站出来替皇帝骂汉王，被指的人就是于谦。据说，这是一场酣畅淋漓的训斥，有理有据地历数了朱高煦数十条罪状，原本跪在地上的朱高煦被骂得汗如雨下，头越来越低，最后伏在地上，认罪伏法。

对于这场骂战，于谦并没有做过多的准备，但有理有据，此为才学。慷慨激昂，令在场之人闻之色变，说明他的话言之有理，符合大义，此为德。朱瞻基看到了一个德才兼备的好官。但这个好官太过年轻，还需要锤炼，于是他将于谦派往河南、山西等地担任巡抚，后升任兵部右侍郎。

朱瞻基病故之后，明英宗朱祁镇继位，他专宠宦官王振，纵容王振胡作非为，要挟官员必须送礼。放眼整个朝廷，唯有于谦坚决不从，写下"清风两袖朝天去，免得闾阎话短长"。后来，瓦剌大军侵犯明朝边境，朱祁镇听了王振的谗言，决定御驾亲征，结果却被瓦剌大军俘虏，几十万精兵也全军覆没。得势的瓦剌大军直奔京城，京城危在旦夕。

在这个关键时刻，满朝文武大多主张南迁，迁至南京另作打算。但于谦却坚决抵抗，并且亲自担任主帅，率领京城里仅剩的军队驻守九大城门。既然皇帝已经被俘虏，为了天下社稷，拥立明代宗朱祁钰为新的君主。在关键时刻挺身而出是勇，在危亡之际稳住大局是能，在千军万马中指挥得当是才，不计较个人得失是德。

如果没有于谦，明朝可能就会变成第二个南宋。因为于谦的力挽狂澜，才没有让悲剧再次上演。

在后来的历史中也能看出，于谦心怀天下，拥立新君是功绩，也是他被政敌攻击的源头。尤其是在朱祁镇被接回之后，于谦无论怎么做，都有可能被清算，不是被朱祁镇清算，就是被朱祁镇的儿子清算。因为朱祁钰在成为皇帝的同时，为了确保继承的合理性，朱祁镇的儿子朱见深被立为太子。这些利害关系于谦又怎么会不知道呢？但他全然不顾及，因为他做了最符合天下利益的决定。

果然，朱祁镇再次登上皇位，于谦成了第一个被清算的人。朱祁镇下令处死于谦并抄家，然而，抄家的人进入于谦的住处之后发现，他家中一贫如洗，被锁住的书房里只有皇帝御赐的蟒袍和利剑，书房中唯一挂着的并不是名家文玩，而是一幅文天祥的画像。

德才兼备之人，世间难求，大德大才之人，更是可以改变世界。文天祥大德大才，却生于乱世，但他的品德和才能深深影响了后世，尤其是被一个同样拥有大德大才的于谦铭记在心。

悟他，并不一定要在现实里认识他，和他交朋友，也可以像于谦、文天祥一样。在无数个夜晚里，于谦一定熟读过文天祥的文学作品，一定看过史书里记载的事迹，也一定感慨过，如果要是能认识偶像该有多好。但没有关系，你的精神我学到了，你的品德我视为榜样，你的才能我视为目标，我一定不会让历史重演。于谦做到了。

第三章 悟人性·理解人性善与恶

1. 事先讲明，先小人后君子

人性是复杂的，有正面的、有负面的，甚至还有模糊不清的。悟人性的本质并不是在知道人性的弱点之后，对人失去信任，而是在知道人性的好与坏之后，让自己和他人达成平衡，形成能够良性互动的人际关系。

人与人之间建立交往有很多因素，有的是投脾气，有的是必须共事，有的则是为了长远利益，尤其是后两者，稍有不慎，就会让原本和谐的人际关系土崩瓦解。如果我们能够悟出人性之善恶，就能有意识地避免人性之恶，更接近和激发人性之善，从而让自己和他人交往的过程更顺畅。

在一些反映年代变迁的影视作品中，能看到这样的情节：在20世纪末21世纪初期，很多小公司的老板在合作时并不签署合同，都是依靠口头约定。

小老板甲是一个诚实守信的买卖人，小老板乙则是一个奸商，两个人凭借口头约定开始合作，甲觉得反正都是合作，先干着，每次向乙询问什么时候打款，但乙总是推脱说账上没钱，再迟一些。等待甲的供货都完成了，乙则说没有合同，就算是告到法院我都不怕你……甲拿不出合同，也拿不出对方没有给钱就收货的凭证，最后只能吃亏。乙还特别嚣张地说："记住了，我这是给你上了一课。"

类似的场景还有：手艺人拥有独特的手工艺技术，但他没有任何销售的渠道。这时，一个商人走过来说，他有渠道，可以帮助手艺人进行销售，双方利润五五分账。手艺人一想，反正手艺就是用来赚钱的，这样也行。但是手艺人不懂得商业之道，没有和商人签订合同，就开始制作手工艺品。最开始的时候，商人还能如约履行口头之约，但随着市场行情越来越差，他觉得没有必要再帮助手艺人了，在随口说了一个很大的要货量之后，就不再给手艺人分账了。他的想法是，反正库存里还有那么多货，能卖就卖,不能卖就开始找新的生意。手艺人每次去要账,商人都说货物没卖出去,即便卖出去了也说没卖出去,并且还让对方去库房看,证明自己没说谎。但实际上,商人早就在库房做了手脚,把货品放在显眼的位置,下面放的都是空箱子。

对于很多普通人而言,在交往之初,往往不会带着恶意,但在交往之后,发现涉及利益时交往就会发生变化。有这样一句谚语:"世上有两样东西不可直视,一是太阳,二是人心。"当你直视太阳时,只会被太阳的光芒灼伤眼睛;当你直视人心时,才会发现,原来人性是如此难以捉摸。

马克思说过,对于资本家而言,一旦有利润就会变得大胆起来。如果有10%的利润,他就保证到处使用;如果有20%的利润,他就活跃起来;如果有50%的利润,他就能铤而走险;如果有100%的利润,他敢践踏一切法律;如果有300%的利润,他就会犯下任何罪行,甚至冒着被绞首的风险。

虽然和我们交往的人并不是资本家,我们大部分人也没有100%、300%的利润让别人贪图,但"利益"和"人性"之间的选择,马克思说得十分清楚。在利益面前,我们不能赌对方的人性,所以才会出现各种各样的保障(法律、规范、道德)。

中国有句古话:"先小人,后君子。"无论交往的对象是谁，我们都应该事先讲清楚所有利害关系，有了风险该如何划分责任，赚了利润该如何分配，将这些落实到文字上。等事情成功了，我们再恢复"君子"的风范，事先如何约定，事后就如何遵守。尽管在整个过程里，对象并没有付出很多的努力，也要按照事先约定为合作画上句号。

悟人性，是要客观地承认人性是复杂的，并且，好的、坏的、模棱两可的人性会出现在同一个人身上。

举个最简单的例子，你在路上看到一个钱包，打开后发现里面有钱，四周既没有监控，也没有人。理智上，都知道应该报警，做个拾金不昧的人；感性上，你是否在一个瞬间有过动摇，反正这里没有监控，也没人看见，要不要神不知鬼不觉地拿走？最后，你还是选择了报警，并当着警察的面对钱包里面的金额进行了清点。那一瞬间的动摇和犹豫，恰恰就是最真实的人性——利己。

在生活中，张三遇到了短暂的经济窘迫，找好友李四借款，相信很多人都遇到过类似的情况。最开始的时候，张三不仅能够按时还钱，有时还会多还一点儿以表示感谢。李四便客套地说，不用那么客气，大家都是朋友。后来再借款时，张三就变了，不再主动还钱，如果李四不问，张三就装作不知道，如果李四问了，张三就说自己这段时间太忙了，忙到连还款日期都记不清了。再后来，李四就不敢借钱给张三了，开始找各种借口推脱，张三认为，李四变了……这种变化，正是人性的本能——规避风险。

事先讲明所有利害关系是为了规范人性中的"恶"。在和他人交往的过程中，我们不要赌对方的人性，也不要赌自己的人性。作为普通人，我们有着人性中善良的一面，亦有人性中脆弱的一面，有光鲜的一面，亦有阴暗的一面。

2. 降低期待，没有期望就没有失望

在网上，曾经有这样一个帖子：这辈子，你最大的失望是什么？

有一个网友回答说：以前看TVB的电视剧《陀枪师姐》时，里面有陈三元逼着程峰吃榴莲的戏份：陈三元特别喜欢吃榴莲，但程峰从来都不吃，陈三元便把榴莲塞到程峰嘴里，还调侃他"是朋友就不许吐出来"。程峰当时心里已经开始喜欢陈三元

了，但自己并没有意识到，后来程峰和陈三元闹了点误会，开始冷战，程峰就不自觉地吃起了榴莲，睹物思人……

　　我当时就想，这个水果得有多好吃啊，一直想买来尝尝。但榴莲太贵了，我妈不给我买，在期末考试的时候，我妈终于松口了，说如果我考进班级前三就给我买。我虽然知道考进班级前三特别难，但为了吃一口榴莲，我废寝忘食地学习，最后我考了班级第二。我拿着成绩单回家的路上都在幻想：榴莲是什么味道？听说闻着特别臭，但吃起来特别甜。结果，等我回家之后，我妈只表扬了我的成绩，却对买榴莲一事只字不提。我实在忍不住了，就问我妈什么时候给我买榴莲。我妈却毫不在意地说："榴莲那么贵，一小块都赶上咱们家一周的伙食费了，别吃了。"我想争取，却被妈妈说"懂点事儿，别那么馋"。那是我第一次那么期待品尝一种食物，却被迎头泼了盆冷水。

　　后来，我上了大学，去做兼职，拿到第一份工资后，就去超市买了一大块分装榴莲，结果吃下去之后，怎么都觉得不是滋味。

　　相信这个网友的回答能够引起很多人的共鸣，因为我们都曾经对某个人、某个物品抱有特别高的期待。这种期待有可能是对某个人情感反馈的期待，也有可能是对获得某样物品的期待。有了期待，就会产生幻想；产生幻想，就会不自觉地为它增添一抹色彩，然后沉浸在幻想中，进一步提升了对它的期望值。然而，生活并非拍电影，不会因为我们有了期待就会有圆满的结局。有些期望最终都会变成失望，这才是生活的本质。

庄子曾说："为外刑者，金与木也；为内刑者，动与过也。"意思是说，外在的痛苦来自刑罚，内在的痛苦源于自己内心的冲突。期望和失望，都源自内心对外界的感受，对于物品的期望和失望，往往只在于它的实用性，但对于人的期望和失望，往往带着精神上的判断。那位网友失望的只是品尝榴莲的味道迟到了几年吗？不是的，他的失望是源自对母亲不守信的认知。这就已经从物品过渡到了情感反馈。

我们常常对他人抱有不切实际的期望，而这里所说的他人一般是亲人＞爱人＞朋友＞同事/同学＞陌生人。也就是说，越是亲近的人，我们抱有的期望值越高，这是人性使然，因为我们会对亲密的人有更高的要求，但同样也必须承认，他们也不过是普通人，不可能满足我们所有的要求，甚至在很多时候考虑得更多。那位母亲真的不舍得给孩子买榴莲吗？不是的，作为一位母亲，她宁可自己不吃，也想省下钱满足孩子的愿望。但现实中各方面都需要花钱，她必须先思考这个钱能不能花、够不够花。

越长大越懂事，并不是说人到了一定的年龄，就突然间一夜长大，而是经历的事情多了，学会认清现实、认清人性，调整自己，这才是悟的真谛。而悟的结果就是：降低期望，就不会失望。

《正见》中说："如果没有盲目的期待，就不会失望，如果能了解一切都是无常，就不会攀缘执着，如果不攀缘执着就不会患得患失，这才能真正完完全全地活着。"期望与失望之间的关系，实则是内心深处患得患失的情绪。就好比内心深处有两个小人在互相拉扯，一个小人代表期望，另一个小人则代表失望。

期望的小人说，你和他关系那么好，他怎么可能不满足你呢？失望的小人说，别想那么多，他只是你的亲朋好友，没有义务满足你的期望。期望的小人说，你这么想要，放心吧，他必须满足你，否则就不是你的亲朋好友。失望的小人说，别把自己的期望寄托在别人身上，与其期望别人，不如期望自己……

拉扯的时间越长，就代表你内心纠结的时间越长、内耗的精神越大，一旦发现期望变成失望，这种落差感可想而知。

有了落差感，自然就会对这段关系产生怀疑，尤其是在情感世界里。很多人常常陷入"我是不是不被爱""我是不是不值得被珍惜"的内耗，并不是因为所谓的矫情，而是内心的期待值太高：我希望我的父母能够为我遮风挡雨，让我永远拥有这份"偏爱"；我希望我的伴侣能够"弱水三千，只取一瓢饮"；我希望我的朋友能够做到心有灵犀，即便我不说他也能懂……但这种期待本身符合现实吗？父母既是我们的父母，也是长辈的孩子、公司里的员工、彼此的伴侣；伴侣和朋友亦是如此，在不同人面前扮演不同的角色，承担不同的责任。如果说他因为现实原因没有达到我们的期待值，他就做错了，真正错的是我们自己，因为我们将不切实际的期待交付到了他人身上。

老子说："人法地，地法天，天法道，道法自然。"天地宇宙间自有一套它运转的规律，人亦是如此。无论我们内心如何挣扎，都要面对现实，做不到的事情就是做不到，它不以我们的期待值而发生转移。既然如此，又何必太过执着呢？

3. 明确边界，消除模糊地带

我们经常会有这样的疑惑：明明已经很善待周围的亲朋好友了，为什么他们还是没有边界感呢？总是提出让我为难的请求，总是一次次让我难做。答案是，你没有划清界限，或是划清了界限没有坚决遵守，从而给对方留下了模糊地带。

电影《失恋33天》里，有一段黄小仙和闺密冯佳期对峙的戏份。两个女孩原本是亲密无间的大学室友，双方坦诚相待，分享彼此心里的秘密。大学毕业后，黄小仙因为没找到工作只能穷困度日，因为好面子，倔强地不接受男朋友的帮助。就在这时，冯佳期对她伸出援手，邀请她住到自己租的房子里。就这样，两个女孩挤在出租屋里吃一碗饭、睡一张床。但这样一段看似是亲密无间的关系，有了黄小仙男朋友的加入之后，就变了味儿。两个女孩都没有意识到，她们需要给彼此留出空间。三个人一起外出旅游、一起约会，久而久之，冯佳期爱上了黄小仙的男朋友，黄小仙的男朋友也终于厌烦了黄小仙的咄咄逼人，选择了让他更轻松的冯佳期。

这是一段看似很夸张，但在日常生活中并不是个例的爱情戏码。在最需要划清界限的时候，两个女孩谁都不愿意先说出自己的顾虑，黄小仙不能对冯佳期说："你打扰我谈恋爱了，能不能等我有空的时候，咱们单独约？"冯佳期对黄小仙说不出："我不想当电灯泡，看着你们卿卿我我，我站在那里很尴尬。"黄小仙的顾虑是不想当有了爱情就忘记闺密的人，冯佳期的顾虑是自己做人坦坦荡荡，如果说出来会不会让闺密觉得自己心存不轨。于是，原本没打算破坏闺密感情的女孩成了第三者，原本没打算背叛的男生成了不负责任的人，黄小仙的人生跌入了深渊。

不预留边界，只会让对方有可乘之机。一旦你觉醒了、悟了，想要收回，就没那么容易了，很有可能会面临对方的指责。这就是人性的另一大弱点——行为定式。

著名作家三毛在自己的作品里记录了这样一则小故事：她去留学，和其他几个女生租住在同一间房子里。三毛初来乍到，觉得就自己一个东方面孔，要主动一点儿，才能融入，于是，她主动承担起打扫卫生的工作。其他几个女生觉得，反正有人帮着打扫卫生，何乐而不为呢？她们主动夸赞三毛，说她真是个好人。三毛听到这些夸奖后，不仅收拾房间，还主动给她们做饭。几个女生更是对她的厨艺赞不绝口。三毛以为，她和这几个女生是朋友了，也就代表她融入新的环境了。

有一次，三毛生病了，高烧不退，浑身无力，既顾不上做饭，也顾不上收拾房间。几个女生放学后回到房间，发现餐桌上没有可口的饭菜，房间也乱得一团糟，便开始指责三毛。三毛一下子就火了，指着几个女生说："我来这里也是上学的，不是为了给你们收拾房间和做饭的。住在这里也是交了房租的，我和你们都一样。平时我做了那么多，你们不来分担也就算了，现在我生病了，你们还跑过来指责我，难道是我欠你们的吗？"几个女生看见三毛真的生气了，也就不再多言。自此之后，三毛也不再多做任何一件不属于自己分内的事了，几个女生也相安无事。

这几个女生是在欺负三毛吗？不是的，她们只是习惯了接受别人的好。根本原因在于三毛没有明确自己的界限，这种错误的行为让几个女生误以为，做饭、收拾房间等事务就应该由三毛来负责，她们自然能心安理得地享受着三毛带来的便利。当三毛有了自己的界限后，反而得到了她们的尊重。

相信很多人都有和三毛类似的经历：出于善意，或是不忍，我们承担了原本不属于自己的责任，付出了很多心血，久而久之，别人就把我们的付出当成了理所应当。比如，在一个家庭里，孩子习惯了母亲操持家务、父亲在外工作赚钱，自己过着衣来伸手、饭来张口的生活。即便是已经成年，回到家里，也心安理得地享受着父母的关爱，还美其名曰"回到家里我就是孩子"。孩子已经组建了自己的小家庭，父母却没有任何边界感，对儿女和他们的伴侣指手画脚，大到什么时候要孩子，小到两口子要多在家吃饭，外面的饭菜不卫生等，还美其名曰"我都是为了你们好"。

悟人性，就是要充分懂得人性的弱点，继而改变自己。如果你是个不懂得拒绝别人的人，那就先从说"不"开始，面对亲朋好友的过分要求，摆事实讲道理，而不是硬着头皮一味满足。因为总有一天，你会发现自己已经变得毫无边界感、所有人都认为你的付出是理所应当的，但等待你的不一定是好人缘，而是满足不了对方欲望之后的埋怨。

4. 理解万岁，每个人都是独立的个体

每个人都是独立的个体，都有自己的想法，对世界有自己的感知和认知。《道德经》中说："天地不仁，以万物为刍狗。"意思是说，在这大千世界里，在这浩渺天地间，老天对所有生灵都一视同仁，世间万物都是平等的。既然都是平等的，为何不能相互尊重、相互理解呢？

每个人都渴望得到别人的尊重，不管是来自社会层面的尊重，还是来自精神世界的尊重，都是非常珍贵的认可。尤其是对心思敏感的人而言，他们或许是因为身体问题，或许是因为心理问题，害怕被人轻视，这是一种常见的自卑心理。想要克服它，只能依靠彼此尊重和相互理解。

法国电影《无法触碰》是一部非常励志的剧情片：富豪菲利普以前特别喜欢参加极限运动，体会心跳加速的快感和挑战成功的成就感。有一次，他参加滑翔伞飞行，幸运之神不再眷顾他，他发生了飞行事故，导致下半身瘫痪，只能坐轮椅。因为行动受到限制，他开始逐渐封闭自己的内心。

德瑞斯是一个黑人小混混，之前因为打架斗殴进了监狱，出狱之后，只能靠领取失业救济金度日。但领取失业救济金是有要求的，必须有应聘失败三次的签字才能证明你努力过了。德瑞斯不愿意去工作，就去应聘那些肯定应聘不上的工作岗位，然后让面试人在应聘书上签字。

菲利普因为情绪的无常辞退了上一个护工，重新发布了招聘启事，有很多护理经验丰富的资深护工前来应聘，面对秘书提出的问题都能做出正确的解答。在门口等待应聘的德瑞斯突然闯了进来，以这份面试让他等了两个小时，不想继续等为由，让秘书在他的应聘书上签字。秘书没见过这么不懂礼貌的人，刚要斥责，就被菲利普拦了下来。菲利普问德瑞斯为什么要来应聘。德瑞斯说为了集齐三个应聘失败的签字。菲利普又问他，难道你这辈子就没有别的追求了吗？德瑞斯指着面前漂亮的秘书小姐说，有啊，她就是。俨然是一副小混混的模样。但菲利普觉得，眼前这个黑人小伙子真是太有趣了，或许能改变这如同死水一般的生活。

德瑞斯原本想要拒绝，但想到自己已经被母亲赶出家门，无家可归。菲利普提供的待遇是他从来都没享受过的，便同意了。两个人还打了一个赌，菲利普赌德瑞斯坚持不了两周。

两个性格迥异、成长背景迥异的人就这样生活在一起。德瑞斯从没有做过护理工作，很多在护工看来非常简单的工作（清理粪便、穿裤子）对他来说却不简单，就连管家和秘书都不太看好德瑞斯，但菲利普觉得，只有这个新来的护工不会把他当作残疾人。每次菲利普出门，都要乘坐残疾人专用汽车，可曾经健康的菲利普追求的就是速度与激情，家里停着数辆名贵跑车。就在他准备按部就班地上残疾人专用汽车时，德瑞斯却问，为什么不能开着那辆跑车出门？菲利普问他会开车吗？德瑞斯点点头。菲利普决定，让德瑞斯开着跑车带自己外出。听着熟悉的发动机轰鸣声，菲利普那颗沉睡的心突然活跃起来。后来，德瑞斯经常开着跑车带菲利普出门兜风，甚至给他的轮椅也装上了马达。

菲利普有一位心仪已久的笔友，他渴望见到那位笔友，却担心自己的身体状况会把对方吓跑。德瑞斯得知后，鼓励他去尝试。既然你心里希望别人把你当正常人，就展示自己正常的欲望吧！就在菲利普和笔友约定见面的当天，菲利普还是因为自卑而爽约了。

又过了一段时间，德瑞斯因为家里出了点事，只能离开菲利普。菲利普又招聘了一名护工，他的生活又回到了之前的模样，周围没有人再把他当成"正常人"看待，再加上因为失去了被他当作寄托的笔友，菲利普的情绪一落千丈。管家看到他这副模样，便自作主张给德瑞斯打了电话，希望他能回来看看菲利普。德瑞斯深知菲利普的心病，这次他写信给菲利普的笔友，并把他之前爽约的缘故一并说明。德瑞斯回来的那天，菲利普很高兴，德瑞斯带着他外出就餐，可进了餐馆之后就借故离开了。身体被固定在轮椅上的菲利普毫无办法，就在他小声骂着德瑞斯的时候，那名笔友出现了……

这部电影是根据一位富豪的自传改编的。菲利普之所以选择德瑞斯，是因为在谈话间，德瑞斯从来没露出过怜悯的、同情的神色。德瑞斯之所以选择留下，一方面是受现实所迫，另一方面是菲利普一直都是微笑着面对自己。初次相遇，两个人都能彼此尊重，对于像菲利普这样被命运抛弃、像德瑞斯这样被社会抛弃的人而言，足够了。

尊重和理解，是打破人与人之间隔阂最真诚有效的方式，但也是最容易被人忽视的方式。每个人都有自己的需求、渴望，我们不应该，也没有权利去品头论足。要知道，尊重是站在对方的立场为对方着想，不是迁就，更不是表里不一的附和。

第四章　悟世道·尊重规律

1. 不颓然，懂得顺势而为

我们生活中想要得到平和的心态，除了悟己、悟他、悟人性之外，也要悟世道。只有知道世界运转的规律，才能更好地完成人生修行。

人生起起伏伏，有巅峰时刻，亦有低谷时期，所谓高低都是相对的。如果你处在低谷，可以蛰伏，不是强忍着在低谷里蹦高，而是"跌倒了先趴一会儿，休息够了再起来"；如果你处在高处，要时刻谨记"高处不胜寒"，不能流露出高高在上的姿态，平白惹来旁人的嫉妒和怨恨。

对于正处在人生逆境的人而言，即使是遇到一点困难，都好似泰山压顶一般。在这个时刻，我们也许会愤恨、抱怨，但如果熬过了艰难时刻再回头去看，那些所谓的困难真的是那么令人难以接受吗？

有一段访谈的视频在网络上爆火：自媒体博主在街头随意采访路人，一个20出头的女骑手小陈接受了他的采访，因为自媒体博主觉得奇怪，一个如此年轻的小姑娘怎么会干这么辛苦的工作呢？

面对镜头，小陈不卑不亢，娓娓道来。她来自农村，学习成绩也不算太好，高中毕业后便出来打工，遇到了志同道合的伴侣。刚过法定年龄，两个年轻人就领证结婚了，有了属于自己的家庭。很快，她又做了母亲。原本一家三口非常幸福，奈何命运弄人，小陈的丈夫出车祸去世了，只留下小陈和尚在襁褓中的女儿。

小陈的婆婆听说儿子出车祸去世了，备受打击，在老人的心里，自己的儿子之所以出车祸，是因为太过劳累，便把满腔怨气都撒在她们母女二人身上，把她们赶出了家门。不仅如此，婆婆还扣下了车祸赔偿金，说自己老了，要留出一笔钱给自己养老。面对婆婆的责难，小陈并没有抱怨，反而说自己很理解婆婆。

自媒体博主又问，做骑手多辛苦啊。小陈回答说，自己没有一技之长，之前就是在工厂里做工的工人，但现在有了孩子，工厂的工作做不了。之所以做骑手，就是看重这份工作时间灵活，方便她照顾女儿。而且，酬劳是每周结算，正好解决她的燃眉之急。

听完小陈的故事之后，自媒体博主，一时之间不知道该说些什么才好，只能感慨一句"真不容易"。没想到，小陈却说："这有什么不容易的，我还年轻，正是吃苦的年纪。"说完，她还笑了。

这段视频在网上火了，小陈的故事被广大网友所熟知。小陈看到自己的事情带来这么多流量，顺势开始学习如何做自媒体博主，记录自己的骑手生活和女儿的成长经历。每件事情都有两面性，有的网友会心疼小陈遭遇生活的磨砺，有的网友会指责小陈不好好读书。当小陈开始做自媒体博主之后，更有网友酸言酸语地评论说，怎么有点流量就当自媒体博主，是不是过段时间就去带货了？然而，小陈回复说，有流量就用啊，赚钱光明正大的，怕什么。小陈变了吗？没有，当初她能说出"我还年轻，正是吃苦的年纪"，现在就能说出"有流量就用"，这种坦然面对的心态，让小陈的自媒体之路变得顺利许多。

小陈的故事感动了很多网友，最开始被感动是因为她面对生活的困境没有抱怨、没有放弃，反而用不够宽厚的肩膀承担起抚养女儿的重任。后来被感动是因为她不卑不亢的态度、顺势而为的做法。

　　和很多人相比，小陈处境艰难、命运坎坷。如果她在刚出事之后，就利用自媒体为自己发声，还会引起这么大的关注吗？如果小陈刚开始就做自媒体，一个毫无记忆点的女孩，要靠什么内容展示才能让广大受众记住她呢？小陈在出名之后，如果怕被人议论，坚决对流量说不，过不了几个月，她的故事就会被淹没在无数条新闻当中。

　　顺势而为，是老祖宗留下来的智慧。处在低谷时期，我们可以选择蛰伏，并利用这段时间来充实自己、认清现实。当我们在黑暗中看到希望之光时，不要犹豫，要果断行动。

　　孔子在周游列国时，路过一条瀑布。瀑布从高处倾泻而下，突然他看到一位老者从瀑布下面走了下去。孔子大惊失色，还以为老者遇到了不测。正在他惊慌之际，又见老者从一处漩涡里走了出来。孔子很吃惊，心想：难不成这位老者能驾驭瀑布？于是，他上前施礼，询问其中奥妙。

　　老者听后，哈哈大笑，说："是我顺应水流，而不是水流顺应我。我顺着漩涡进入，再顺着漩涡出来。看似玄妙，实则只是顺势而为，不足为奇。"

老者的无心之举，其实说明了一个道理：漩涡，就好比生活中遇到的各种各样的困境，顺着它进去，也能顺着它出来。"势"是比较深奥和难以捉摸的，需要我们去"悟"。顺势，顺水推舟，能达到事半功倍的效果；逆势，则如同逆水行舟，举步维艰，稍有差池还有可能落入水中。

当我们身处顺境时，"势"并不难寻，也不难"悟"。只有我们身处逆境时，才体现出"势"的重要性。但在找到"势"之前，我们更应该做好自己能做的、该做的事情，用积极的心态去面对生活中的磨难，而不是停留在怨天尤人的阶段。

太阳照常升起，生活仍得继续，做好自己，才能好好做自己。

2. 不执迷，注重内心的平静

执着、迷恋都是反映在内心世界中不正常的涟漪，形成内耗的源头，会使人们变得焦虑，失去内心的平静。

《道德经》中说："圣人之治，虚其心，实其腹；弱其志，强其骨。常使民无知无欲。"这段话的意思是，圣人的治理原则是，使人们心无所求，使他们腹中有食物（不致饥饿），使他们思想单纯，没有未满足的欲望，自然就能达到无为而治。

按照道家的标准来看，我们已经解决了最基本的温饱，打破内心平静的便是那些找不到根源的欲望。人一旦有了欲望，即便你说不清道不明是在追求什么，你都不会感到满足，内心也得不到平静。

陶渊明是"田园诗派之鼻祖"，是东晋末年著名的诗人，他的著作流传千古。然而，陶渊明能够作出这些诗作的根本原因，

悟·破·习

在于他放弃了并不顺利的仕途。

陶渊明原本也是心怀天下，渴望"救济苍生"的官员，但是苟延残喘的东晋，整个朝廷腐败不堪，统治集团荒淫无度，内部相互倾轧。在这种背景下，陶渊明壮志难酬，再加上他不肯为五斗米折腰的性格，更不可能做出依附门阀之事，于是他坚决辞去官职，归隐山林。

陶渊明把在官场失意的情绪寄情于田园、酒水和诗作。在农作生活中，陶渊明寻得了内心的平静。如果他依然留在官场，世间多了一个碌碌无为的小官，却失去了一个流传千古的大诗人。

在历史中，为了保持内心平静而归隐山林的文人墨客不胜枚举。无论他们是主动的还是被动的，最后都是在追求内心平静的同时，和当时的社会状态达成了和解。

在这个快节奏的时代，我们又该如何追求内心的平静呢？

方便快捷的互联网给我们的生活带来了巨大的便利，与此同时，也让我们更容易直面欲望的诱惑。比如，你随便打开一个视频网站，大数据都会给你推送你感兴趣的产品广告，在科技面前，内心的平静一次次被打破，似乎总有一个声音告诉你："别压抑自己。"而商家也深谙此道，他们不断推出各种促销活动、营销广告，在铺天盖地的宣传下，很多人错误地以为，我需要它。人们对物质的追求和迷恋不断增加。

与之对抗最有效的方法就是断舍离，戒断物质享受的念头，舍掉生活中的非必需品，离开喧嚣的营销氛围，从而过上极简生活。

有一段时间，互联网上掀起了一阵"断舍离"的风潮。曾经有这样一个视频，一位女性博主收拾自己的衣柜。经过数个小时的整理，她突然发现，原来自己买了这么多衣服，林林总总加起来得有数百件，其中她常穿的只有十余件，有二十多件衣裤都还没有剪掉商标。这还只是衣服和裤子，还不算购买的鞋子、皮包和饰品。她找来一个大袋子，将那些自己确定不会穿的衣服统统装进了袋子里，然后开始整理穿着次数少的衣服，她回忆着上一次穿这件衣服的场合和时间，发现竟然已经过了几年，果断装进袋子。最后，留在衣柜里的衣物只有她经常穿的那十余件。而那些整理出来要扔掉的衣物，也被博主捐给了更有需要的人。

关注这条视频的人多了以后，这位女性博主又将目光对准了家里的摆设。她说，房子只有她一个人居住，但由于家里东西太过杂乱，导致空间变得很小，早就想给这个家做一次减法了。她把那些旅游时买回来的纪念品统统扔掉，把因为一时喜欢买回来的杯子、盘子送给了邻居，把摆着占地方、扔掉可惜的小家具挂到了二手交易平台。经过这番整理，家里不仅变得整洁了，还显得宽敞了。

在此之后，她坚持过极简生活，只购买自己刚需的生活用品，只购买确定会穿的衣物。一段时间之后，她在网上分享自己的心得，最重要的是：她不再有选择困难症，整个人都轻松了许多。

很多网友纷纷附和，女生什么时候选择困难症最明显——约会时穿什么衣服。每个女孩都想把自己最美的状态呈现出来，所以在约会之前总是特别焦虑，恨不得把衣柜里所有衣服都拿出来试一遍。如果衣柜里没有那么多选择，你还会纠结吗？

断舍离也好，极简生活也罢，都是在快节奏的社会中抵抗欲望的一种手段，都是让自己不再执迷的一种方法。

除了外在的方式之外，我们还可以追求内心的修行。在繁忙的生活中，可以定期给自己放个假。时间不需要太长，几个小时就行，几天亦可，放下工作，放下烦恼，给自己创造一个"桃花源"。在这个时候，你可以听听喜欢的音乐，可以看一场喜欢的电影，忽略外界带来的所有纷扰，只聆听内心世界的真实需求。

世间纷纷扰扰，太过忙碌的生活让我们迷失了方向，只能被动地接受外部传递的信息，根本无暇顾及它是否正确、是否必要。"凡事有度，过犹不及。"不执着才是人生最好的修行！

3. 不贪念，繁华皆是过眼云烟

《红楼梦》里的一首《好了歌》唱尽了人之贪婪：

世人都晓神仙好，惟有功名忘不了！古今将相在何方？荒冢一堆草没了。

世人都晓神仙好，只有金银忘不了！终朝只恨聚无多，及到多时眼闭了。

世人都晓神仙好，只有娇妻忘不了！君生日日说恩情，君死又随人去了。

世人都晓神仙好，只有儿孙忘不了！痴心父母古来多，孝顺儿孙谁见了？

贪念，并不只是贪图富贵，还贪图功名利禄、贪图世间享乐、贪图人情往来，但这些都只是过眼云烟，在时间的长河里，任何繁华不过尔尔。正所谓："世间繁华三千，看淡即是云烟。"

悟·破·习

　　有一个老农在田间劳动的时候，救了一条奄奄一息的蛇。这条蛇是躲在这里修炼的蛇精，因为气力耗尽险些丧命。为了感激老农的救命之恩，蛇问老农："你想要什么？我都能满足你。"老农想了想说："现在的生活太苦了，我想要过上丰衣足食的富裕生活。"蛇同意了，让他回家去。回家之后，老农发现原本的农舍已经变成了豪宅，家里有数不尽的金银珠宝，就连自己的老婆也穿上了华丽的衣服。老农特别高兴，他终于可以不用再受苦了。

　　富足的生活没过多久，老农遇到官府衙役前来征税。尽管老农已经成了富豪，但衙役仍不把他放在眼里，对他呼来喝去。老农觉得，当富豪没有社会地位，还是被人看不起，得当官才行。于是，他跑到农田深处，找到了蛇，对它说自己想要做官。蛇同意了，并且告诉他在什么时间去哪里见什么人，那个人会帮助他当官。当老农听完后，如约前往，果然遇到了当朝宰相，一番机缘巧合下，宰相十分赏识老农，举荐他做了地方官。

　　后来，老农凭借着宰相的赏识和提拔，最终成了宰相的接班人。但没想到有一天，皇帝心情不好，碰巧老农说错话，惹恼了皇帝，被一顿斥责。老农认为，自己都当上宰相了，怎么还要被皇帝骂呢？反正我有蛇的帮助，干脆直接做皇帝吧。于是，老农再次找到蛇，说自己想要做皇帝。但此时的蛇已经十分厌烦人类的贪得无厌了，它不愿意再帮助老农。老农却威胁蛇，如果蛇不帮助自己，就把它关进笼子里，让它再也无法修炼成仙。蛇终于意识到人类的贪念是无止境的，一旦不被满足就会导致背叛。愤怒的蛇最终张开血盆大口，将老农吞入腹中。

贪念，只会让我们的目光停留在"索取"和"获得"上。蛇不断满足老农的愿望，让老农误认为，得到荣华富贵和功名利禄都很容易，但他忘记了蛇本身就是危险的。这就同与虎谋皮是一个道理。

贪欲是无止境的。蛇最开始是为了报恩，老农的要求也很合理，但他有了荣华富贵，又觉得社会地位不够，继而求得了官职，有了官职之后，又觉得权力不够，继而想要当皇帝。一步一步地，欲望的沟壑越来越深、越来越难以满足。

这就是每个人心中贪念滋生的真实反映。比如，一个年轻人，他身边的同事都衣着光鲜，戴着名牌手表、背着名牌包，平常在办公室里谈论的话题也都是哪个牌子新出了什么单品。年轻人刚开始非常羡慕同事们能拥有这么多奢侈品；之后就产生了心理落差，渴望融入同事们，于是内心就对奢侈品产生了欲望；再之后，内心的渴望就会促使他去购买奢侈品……他是否真的需要这些奢侈品呢？他能否承担奢侈品的开销呢？这些问题已不在他的考虑范围内了，他的心已经彻底被贪念占据了。

正所谓："不可见欲，不可过欲，看清危害，追求更高。"人之所以会产生欲望是因为看见了欲望本身。如果欲望产生了，只要不是非常过分，是在能力范围内的，都可以满足；如果很过分，就需要通过修身养性来对抗。顺应自然，一味地克制欲望、忽视欲望，不给它留出宣泄的出口，反而会破坏心性修为。

正所谓："少则得，多则惑。"意思是说，想要求取什么东西，少量的时候能得到，贪多的时候不仅得不到，还会因此而迷失自我。

4. 不作恶，用善意和真诚看待世界

道家思想讲究的是道法自然，即人和自然之间要达到和谐稳定的共生关系。这里所说的自然，并不仅指大自然，而是指周围的一切环境，尤其是人和社会的关系。

每个人都会有属于自己的社会属性，不可能完全独立在社会

之外。诚然，任何一个社会都不可能是十全十美的，会有积极的一面，也会有消极的一面，但如何看待它，以及它对个人的影响，就是悟世道的本质。

在朴实的价值观里，人们要心怀善意地看待世界，真诚地对待他人。虽然个人的力量很渺小，但仍然可以传递善良和真诚。这也是社会的本质。

清朝末年，时局动荡，街上出现了很多乞丐。其中，有一个叫武七的乞丐，他三岁时父亲便去世了，七岁时母亲也撒手人寰。无奈之下，武七只好在街上乞讨，如果碰到找短工的雇主，他就去对方家里做短工。日子虽然很苦，但还能过得去。

有一次，武七被一个雇主骗了工钱。武七知道，自己是吃了不识字的亏，就想，哪怕是穷人家的孩子也应该识字。于是，他决定攒钱办义学。为了积攒办义学的钱，他白天在闹市区扮丑乞讨，晚上替人编织麻绳赚钱。

就这样过了几年，武七攒下来六千文。有一天，他来到当地的一个富人家，跪在门口求见。富人以为武七是来乞讨的，就让人给了他几文钱，让他走。武七说："我不是来要钱的，而是有钱要存到您这里。"这让富人出乎意料，就让武七把事情说清楚。武七接着说："我有六千文钱，想把这些钱放在您这里，由您帮我管理，以后您挣了钱给我一些利息就可以了。"富商一听，反正钱不多，就应承下来。在此之后，武七每攒到一千文，就给富商送过来。随着时间的推移，本息不断积累，最终达到了几百两。

光绪十四年（1888年），武七举办的义学终于正式开学。他高薪聘请老师教学，到穷人家去请求父母把孩子送到学校接受免费教育。在开学的那一天，武七虔诚地拜访了所有的老师和学生，并摆下丰盛的酒宴，以表达对他们的尊重和感激。在平时上课时，武七经常到学校巡视，他看到老师们敬业地授课，会虔诚地跪在地上表示感谢和敬意，如果遇到一些懒散的老师或者贪玩的学生，武七会长时间跪着劝告他们要勤奋学习。

后来，武七又靠着乞讨办了两所学堂。山东巡抚张曜得知了武七的事迹，便向光绪皇帝上疏，请朝廷给武七奖励。光绪皇帝听说后，不仅赐了一个"乐善好施"的匾额，还给武七赐了名字"训"，改叫武训。

武七的故事流传开来，有很多文人墨客都以此为题材撰文，比较有名的是梁启超、陶行知、冯玉祥，皆是称赞武七作为一名乞丐，靠乞讨兴学，乃世间善举。

武七虽然只是一名乞丐，但是他心存善念，用自己微薄的能力向社会传递善意。尽管他淋着雨，依然愿意为别人撑起伞。

《道德经》里说："天道无亲，常与善人。"意思是说，天道是不会偏私的，只会眷顾那些心怀善念、顺应天道的人。简单来说，就是一个人如果心存善念、与人为善，自然就可以广结善缘，在无形中得到命运的眷顾。

《太上感应篇》里说，一日有三善，即语善、视善、行善。要口吐善言、心存善念和身行善事。"勿以恶小而为之，勿以善小而不为。"在中华上下五千年的文化传承中，"与人为善"已经成为社会的共同认知，融入中华民族的血脉之中。

现如今，短视频平台上有很多普通人的日常生活记录：天寒地冻时，环卫工人不舍得花钱，吃饭、喝水都成了问题，那些小店的老板就会主动帮环卫工人热饭、续水；一辆电动三轮车在拐弯时发生侧翻，排在后面的汽车司机连忙跑下来，想把电动三轮车扶正，奈何自己的力量有限，很快，周围的行人都赶过来帮忙，救出了三轮车的司机；一个女孩心情不好，坐在公园门口偷偷哭泣，一个穿着青蛙玩偶的工作人员路过，看到女孩哭得那么伤心，笨拙地跳起舞想哄女孩开心；同样是一个女孩傍晚在小区门口偷偷哭泣，捡废品的老人从兜里掏出20元，因为在老人的心里，小女孩是晚辈，给点零花钱就能把她哄好……

悟·破·习

　　随着生活节奏的加快，物质条件的提高，很多人误以为，做善事就是要捐款，给山区学生捐款、给受灾群众捐物。但是，捐款捐物只是做善事的一种表达方式，真正的善意不是体现在表面上捐了多少钱，而是体现在内心里有多少爱。

　　口吐善言，是真诚地对待每一个人，不论他地位高低、身价几何。我们不会因为感激对象不同就有所区别，我们对服务人员真诚地道谢和对领导真诚地表达感谢之间没有任何区别。

　　心存善意，是真诚地善待每一个生命，在力所能及的范围内给予关爱。我们向需要帮助的人伸出援手和随手给流浪动物留点儿食物之间没有任何区别，既然都是社会中的一员，举手之劳又何足挂齿呢？

　　这些善意看似是向外的，是我们给予他人的，但请相信，它们最终会以另一种形式出现在自己的人生长河里。当我们遇到困难时，也会有人伸出援手；当我们心情低落时，也会听到好心人过来询问"需要帮助吗"。我们帮助的人和帮助我们的人当然不会是同一个人，但大家都有一个名字——好心人，大家做的事情都是同一件——举手之劳。这就足够了。

中篇

破

打破自身局限和外在束缚

悟·破·习

第一章　破局限·格局决定高度

1. 放大格局，不拘泥于眼前得失

格局，决定了一个人眼界的高低、心胸的宽窄、志向的大小。换言之，它决定了一个人的上限有多高，下限有多低。

如果一个人整日忙于田间地头，他的格局就停留在春种秋收上；如果一个人抱着今朝有酒今朝醉的心态，他的格局只有未来三天是否有钱打酒；如果一个人能站在人生的角度看待所发生的一切，他的格局就会变得深邃而宽广。

曾国藩说："谋大事者，首重格局。"无论是生活还是工作，都需要有所计划，而格局恰恰是决定你计划方向的重要参照。这就好比是在下围棋，优秀的棋手落一个子，就已经想好了后面十步该如何走，又该如何应对。正所谓"人生如棋，落子无悔，一着一子，格局决定未来。"

格局和眼界并非一成不变的，随着阅历的增加、知识的积累，眼界也是可以被拓宽的。举个最简单的例子，在儿童的心里，世界上最好玩的地方就是游乐场，最好的礼物就是玩具和游戏机，因为他只见识过从游戏中获得的快乐；当儿童成长到青年，他去过一些城市旅游，见过一些风景后，游乐场里获得的快乐就不够了，他渴望得到更高级的快乐，比如遇到浪漫的爱情；当青年步入中年，见识过名利场后，风花雪月就变得不再重要，他渴望功成名就，收获事业上的成功……他的眼界随着年龄和阅历的增长不断开阔，自然就有了不同的格局。

真正和格局息息相关的，是人生的抉择和职场表现，大体可以分为四个层面：第一层面是看个人得失，很多人只能看到这一步，在工作中表现得斤斤计较，这类人的职场发展空间也不会太大，只能做最基础的职员；第二个层面看全局，他们不计较个人得失，能够站在全局角度思考问题，这类人大多是公司的中层管理者；第三个层面看发展，他们能够从行业发展中预测出下一个风口在哪里，这类人已经属于领头羊，是公司的高层决策者；第四个层面则是看行业标杆，他们不仅能预测出下一个风口

悟·破·习

在哪里，还知道该如何利用这个风口，并且有不达目的不罢休的毅力。

对于大多数人而言，从第一个层面到第二个层面是最困难的，也是最有必要的。因为这一步对实现个人的进步和成长至关重要。

西汉时期著名的酷吏张汤的府邸中有一个叫倪宽的下人。他家境贫寒，虽然读过几年书，但最终因为无力继续而进入富贵人家中做工。在张汤的府邸中，有一名文书、数名家丁，但除了倪宽之外，所有人在闲暇时间都是吃酒打牌，以作消遣。那倪宽在做什么呢？他在看书。

文书看到他这种举动，很是不满，挖苦他说："再怎么看书学习，你最多只能是抄抄写写，还不如和我们一同享乐。"但倪宽却说："大丈夫当以天下为己任，真英雄欲为万世开太平！"任谁劝说，倪宽就是不肯与他们一同享乐。

有一次，汉武帝对张汤递上的奏折很是不满，斥责了张汤一番，要求他重新拟写。张汤回到府上，就把文书叫来，先是发了好一顿脾气，把文书吓得瑟瑟发抖。紧接着，他要求文书重写一份。

回到房间里，文书犯了难，他不知道这份奏折究竟是哪里写得不好，也不知道该怎么修改。正在为难之际，倪宽走过来，拿过奏折一看，就看出了问题所在，片刻之后便把文书改好了。

再上朝时，张汤的奏折得到了汉武帝的嘉奖。张汤回来了解完情况之后，才知道是倪宽执笔。张汤觉得，倪宽是个不可多得的人才，绝对不是久居人下之人，便把他引荐给汉武帝。汉武帝听说倪宽只是张汤府邸中的一个下人，却精通历法和经学，便把他召入宫内，想考考他。倪宽面对皇帝，不卑不亢，对答如流。汉武帝非常欣赏他，便任命他为左内史，后又升任御史大夫。

倪宽是个有大志向的儒生，他的心思不在酒桌牌局之前，而是以社稷苍生为己任。正是这份格局支撑着他，让他在空闲时也不忘提升自己，最终获得了机遇，实现了自己的抱负。

格局，决定你的高度和眼界。这是我们经常听到的一句话。换个更通俗易懂的比喻：手再巧的妇人想要烙一张饼，能够决定这张饼大小的，是锅有多大。锅就是格局。

很多年轻人没有格局观，面对事物只能看到它的表面，因此，他们求职也好，生活也罢，缺少方向感和使命感。这是正常现象。在实践的过程中，应逐渐学会用格局观去看待事物、看待他人，尤其是在面对人生抉择和工作机会时，打破自己的思想束缚。

悟·破·习

格局的大小能够帮我们梳理自己的职业规划，分析短期目标和长期愿景，它的分配是否合理，是否具有可执行性，这对任何一个职场人而言，都是至关重要的。

那我们该如何打开自己的格局呢？最简单有效的方法是永远不要停止学习的脚步。这里所说的"学习"并不仅仅是书本上的知识，还包括为人处世等方面。进入社会之后，要通过行业新闻掌握新的动态，根据实践结果弥补知识的欠缺，这些都是对知识本身进行查漏补缺。除此之外，还要通过和他人交往、学习前辈经验来开阔自己的眼界。

格局，是人生观、价值观和世界观的整体体现，它深刻影响着人生道路的未来走势。很多人总认为，它距离我们十分遥远，但只要你不脱离社会，我们的视角始终受到格局的左右。

2. 打开胸襟，切勿斤斤计较

人与人在交往的过程中，总会遇到不平事，如何看待这些不平事，便是胸襟的问题了。

心胸狭隘者看待世间不平之事，会无限放大它带来的伤害，让自己沉浸在负面情绪里而不能自拔，这只会消磨自己内心的平静；心胸宽广者看待不公，会先强调自我调整，达到内心平和，继而再寻求新的机会，打破困局。正所谓，"海纳百川有容乃大，壁立千仞无欲则刚。"

安徽桐城有一条非常著名的"六尺巷"，它的宽度仅有两米，长度只有一百米，是一条非常狭窄，甚至不能称之为"巷"的过道。但在这条小巷口，立着一个石碑牌坊，上面刻着"礼让"二字。原来，这条小巷的南边是康熙年间军机大臣张英的府邸，小巷的北边是吴氏祖宅。两家人相安无事，和平共处。

有一年，吴氏为了扩宽自己的宅院，就把院墙往南移了三尺。这样一来，两家院落中间的地方更窄了，行人行走都变得比较困难。张家人觉得自己被欺负了，就写信给远在京城当官的张英，希望他能出面干涉一下，为张家主持公道。

张英看到家书后，并没有仗势欺人，也没有出面去和吴氏交涉，反而给张家人写了一封信："千里家书只为墙，让他三尺又何妨？万里长城今犹在，不见当年秦始皇。"张家人收到信后，明白了张英的意思，主动将院墙后退三尺，给过往行人留出空间。吴氏家人看到后内心很惭愧，也深受感动，便将院墙退回至原处。两家人和好如初。

张英若是一个斤斤计较的人，完全可以靠自己的势力迫使吴家退让。但是，张英心胸宽广，根本就没把这种小事放在心上，反而认为自己家人千里修书就为了这点小事，太过兴师动众，失了风度。

在生活中，我们也常常会遇到类似的事，大到被领导忽视、被同事怀疑，小到购物时被"忽悠"、和邻里间发生矛盾，这是在所难免的，但重要的是我们是否有胸襟和气度消化这些负面情绪。

孔子曰："君子坦荡荡，小人长戚戚。"意思是，君子应该光明磊落、心胸坦荡，小人才会斤斤计较、患得患失。如果不能打破胸襟狭隘的牢笼，就只会被困在原地，怨天尤人，最终自食恶果。

庞涓和孙膑都是鬼谷子的弟子，尽管两个人都是有才之士，但庞涓处处不如孙膑，便心生妒忌。庞涓学成之后，投奔了魏惠王，成为魏国的一名大将。魏惠王听说过孙膑的大名，经常向庞涓打听这位不出世的天才。庞涓心想，魏惠王收留我，并不是看重我的才华，而是想借着我和孙膑相识，想趁机拉拢孙膑。有了这种想法后，庞涓就想除掉孙膑，否则自己永远都要活在孙膑的光芒之下。但是，魏惠王可不是他能得罪的，便表面上说可以将孙膑介绍给魏王，这样一来，魏国就有了左膀右臂。魏惠王夸赞庞涓胸襟宽广，有容人之度。

然而，庞涓已经给孙膑设下了陷阱。在孙膑充分展示了自己的才华之后，庞涓在魏王面前诬陷孙膑私通齐国，意图谋反。魏惠王认为，庞涓大度地推荐了孙膑，肯定不会是诬陷他人的小人，便轻信了庞涓的话。面对魏惠王的怒火，庞涓假装替孙膑求情，让魏惠王看在孙膑有才学的分上饶了他。这反而更坚定了魏惠王处罚孙膑的决心。他下令施以膑刑（剔除膝盖骨），让孙膑成了残疾人。

庞涓以为，这样他就可以高枕无忧了。然而，孙膑不是寻常人，他寻找时机求得齐国出手相助。后来，孙膑设计，将庞涓和他的军队引至马陵道路，败局已定的庞涓自杀了。就这样，原本还有同窗情谊的两个人走向了不同的人生结局。

庞涓同样也是有才之士，只不过，他不如孙膑那般有绝世之才。如果他是个有胸怀的人，就能正确看待自己和孙膑之间的差距，要么努力追赶，要么摆正位置，也能实现自己的人生价值，而不是停留在比较中患得患失。

心胸宽广之人，不会沉浸在得失之间，更不会被世间俗事所困扰。人的精力是有限的，如果内心总是被小是小非、小情小爱所困扰，又何谈破人生之局呢？

很多年轻人都曾经陷入内耗的漩涡中，有可能是因为工作，有可能是因为情爱，也有可能是因为生活压力，甚至有可能是因为外部环境发生了变化。

在工作中，几名同事共同协作完成一个项目，肯定会有人多付出一点儿，也有人少付出一点儿，有人工作推进得比较困难，有人工作推进得比较容易，但最终项目成功后，大家都会得到一笔奖金。这本是一件再寻常不过的事情，但是，心胸狭隘之人总要计较，自己是不是付出多了、奖金少了？只把眼光局限在金钱的回报上，时间久了，同事之间还能继续合作吗？

在感情里，原本一段很美好的爱情，太过计较得失，只会让爱情变质。心胸宽广之人即便是感情失败了，记住的也只是曾经一起幸福美好的时光，分手时也会保持体面，不给自己留下遗憾。而心胸狭隘之人只会算计自己花费多少、收获几何，算来算去，总觉得自己亏了。

将眼光放长远一点儿，你会看到不一样的风景，感受到不一样的人生；将心态放平和一些，今天亏了，明天再赚，今天赚了，明天再还。兜兜转转，这不就是人生吗？

3. 心态积极，不被小挫折逼退

中华民族是充满韧性的，在历史的长河中，经历了无数的磨难与坎坷，有过迷茫和曲折，但因为这份坚韧不拔的品质，始终都保持着积极的姿态，战胜了一个又一个困难。这种韧性，无论是对一个民族还是对每一个人，都是极其重要的品性。

无论我们在现实中是什么身份，扮演什么角色，总会遇到各种各样的困难，想要做什么都会感到被限制、被束缚。如果你是一个刚步入社会的青年，正准备放手一搏，却发现那些所谓的门槛、背景成了最大的障碍；如果你是一个刚刚升级为母亲的女性，生育之后，却发现那些原本属于你的机会，转头都被别的同事拿走了……面对这些挫折，尽管你已经做过无数次心理建设，不断告诉自己，这些都是正常的，但那份失落和挫败感依然无法摆脱。

越是这种时刻，越要学会破局，破除困境，打开局面，才能

悟·破·习

迎来风雨之后的那道彩虹。《易经》中说："天行健，君子以自强不息。"面对困境，我们不能怨天尤人，因为老天不可能真的来帮你解决困难，唯有依靠自身力量，战胜困难。但很多人都走错了第一步，总以为遇到挫折之后，要赶紧想办法去解决问题。遇到挫折时，应对问题的方式会对结果产生重要影响。有时我们会陷入情绪低谷，导致采取应付而非应对的方式，让小困难变成了大挫败。该如何解决呢？最优解是先解决自己的内心，再解决外部困境。现实中的挫折，往往打击的是内心的积极面，如果不能激发积极心态，很容易就此消沉下去。

电影《中国合伙人》里，"新梦想"学校里有三个性格迥异的合伙人，其中最重要的、矛盾最深的就是成东青和孟晓骏。成东青是经历过高考失利、复读两次的农村学子，孟晓骏是精英知识分子的代表。这导致两个人在面对困难时，内心的感受不同，应对方式自然就不同。

大学四年，包括后来成为教师的时期，成东青一路受挫，先是英语发音被同学嘲笑，再是苦苦追求"女神"而不得，即便是上班了也没什么起色。但成东青永远都能积极面对，英语发音不标准那就苦练，"女神"不理自己就不断付出，上班没起色就搞副业。所以，他迎来了新的机遇——创办"新梦想"学校。

从小到大，孟晓骏都是"天之骄子"，他的祖父、父亲都是从美国留学归来的高知分子，所以他给自己设定的目标是要超越他们，要留在美国工作生活。他以为，以自己的能力在美国一定能够闯出名头。但是，现实却狠狠打击了他。他在美国根本就找不到合适的工作，只能去做侍应生，最后沮丧地回到中国。更让他想不到的是，曾经自己看不上的成东青已经创办了"新梦想"学校，还做出了规模。于是，他下定决心，要凭自己的能力，把"新梦想"学校带到新的高度，证明给别人看。

经营学校期间，成东青和孟晓骏之间产生了巨大的分歧。尽管学校的规模越来越大、知名度越来越高、赚的钱也越来越多，但在外人看来，成东青早就不再是那个高考失利过两次的农村学子，孟晓骏也不是在美国找不到工作的失败者，孟晓骏和成东青的紧张关系，让夹在中间的王阳非常痛苦。

眼看三个人就要分崩离析的时候，一个外部危机来了——美国普林斯出版社控告"新梦想"学校侵犯版权，要和"新梦想"学校在美国打官司。三个人只好坐在一起，商讨如何应对。成东青一如既往，王阳主张要用美国人的思维解决困境，唯独孟晓骏沉默了。他想起当初自己在美国所遭受的失败，想起自己回国时的沮丧和无奈……

第一次谈判很失败，"新梦想"学校的侵权行为是事实，但被指控"操纵考试"就纯属欲加之罪何患无辞了。孟晓骏把成东青和王阳带到曾经打工的餐馆，坦白自己在这里受到的委屈，以及当时生活的窘迫，又讲了这么多年内心的不甘，为什么会那么激进，为什么要做第一家在美国上市的教育机构，就是想在美国扬眉吐气……三个老友的一番推心置腹，打消了多年的积怨。

第二次谈判，成东青先是展示了自己的一个本领——背书，以此来说明中国学生在某些领域中有特殊的本领。紧接着，他让孟晓骏做代表，说明是因为美国普林斯出版社高高在上，多次拒绝"新梦想"学校的合作邀约，所以他们才出此下策。对于侵权行为，他们愿意接受处罚，但希望出版社能够看到中国教育机构，看到中国学生的学习精神，促成今后的合作。这一次，他们赢了，不是赢了官司，而是赢得了和出版社今后的合作。

成东青是成功的企业家，更是生活中的强者。他经历过无数次挫败，看上去每一次都特别沮丧，但他永远都是用积极的心态去努力生活、努力打开局面。无论是面对停滞的事业，还是求而不得的感情，他都不轻易放弃，努力调整自己。所以，他敢于在课堂上自嘲，自己当年英语有多差，自己追"女神"却被甩，自己当年多没见过世面。

在儒家哲学思想中，所谓的"修身、齐家、治国、平天下"，是一个人的奋斗目标。所有读书的人都应该努力丰富自己的知识，管理家庭让所有成员都感受到家的温暖，参加科举考试或寻求贵人引荐进入仕途，最终完成治国的抱负。

孔子作为儒家的创始人，他的人生境遇也是非常坎坷的。穷极一生，他的政治思想都没有被一个君主彻底采纳，但他始终都保持积极的态度，带着学生周游列国，不断宣传自己的政治主张和思想学说。

真正的积极心态，不是喊口号，而是永远都不会被眼前的困难逼退。困难再大，也能心平气和地寻找方法，正所谓"天生我材必有用，千金散尽还复来"。

4. 用心体会，正确理解人生方向

现在的年轻人总是觉得人生特别迷茫，找不到前行的方向。举个简单的例子，一个刚刚步入社会的毕业生，茫然地看着众多招聘网站里成千上万条的招聘信息，毫无目的地海投，只为能多获取一次面试机会。至于这个职位是否和他的专业对口，能否有良好的发展前景，基本上是顾不上的。经过不断面试，好不容易

悟·破·习

应聘到了一个职位，正当他准备大干一场的时候，却突然发现，这份工作几乎就是在日复一日地重复，他觉得茫然了，不知道该怎么办……

不仅仅是刚毕业的年轻人，人到中年也时常会有这样的茫然。中年人，上有老下有小，房子还要还贷款，孩子上学等着用钱。在公司，他没有走上管理岗位，但办公室里的面孔越来越年轻，新来的人学历越来越高、见识越来越广，他逐渐觉得自己跟不上了。不光工作没有发展，身体也大不如前……

在这个快节奏的大环境下，似乎很多人都对前途、对人生感到迷茫，该去哪里、该怎么去，全然不知。如果你也是如此，不如停下脚步，摒除心中杂念，重新规划自己的未来。

美国法学家霍姆兹曾经说过："我们处于什么方向不要紧，要紧的是我们正向着什么方向移动。"这句话的意思就是，不管我们多么平凡，只要不走错方向，就能到达终点。一旦走错了方向，只会离终点越来越远。

战国时期，曾经雄霸一方的魏国国力日微，但魏王不顾国情，仍然主张要攻打赵国。其他大臣看到魏王心意已决，不敢贸然进谏，生怕被魏王责罚。

国家要打仗的消息传到了民间，被正准备出使邻邦的谋臣季梁听到了。他连忙叫停了队伍，半路折返回去。当他赶回京都后，顾不上更换衣物，便风尘仆仆地去觐见魏王。魏王不明所以，召见了季梁，询问他是不是在出使的途中发生了什么大事。

季梁深知魏王是好战之人，如果直接反对肯定会被驳回。于是他说："大王，我在出使的途中遇到一件怪事，这个怪事我从未见过，所以特意折返回来询问大王。"这句话勾起了魏王的好奇心，就让季梁说明。

季梁说："我在出使的途中，遇到一个行色匆匆的人，见到出使队伍也不避让。于是，我就问这个人去哪里，他说要去楚国，可是楚国在南边。我看他走的方向不对，就对他说：'楚国在南边，你怎么往北走？'他却说：'没关系，我的马跑得特别快，还怕到不了楚国吗？'我对他说的话不太理解，又跟他说：'就算你的马速度快，但是你的方向不对啊！'他又说：'没关系，我带的盘缠足够多，还怕到不了楚国吗？'我很生气地对他说：'你盘缠再多又有什么用，方向错了，怎么走也到不了楚国！'那人又指了指驾车的人，对我说：'驾车的人技术很厉害，不用担心到不了楚国。'说完，他仍然继续往北边走了。"

魏王听后嘲笑道："这个赶路之人也太糊涂了，怎么会有这么愚蠢的人呢？"

季梁说："大王说得对，我也觉得这个人很糊涂。赶路的方向错了，他的马再快，带的盘缠再多，都只是距离楚国越来越远。大王，您攻打赵国是想成为霸主，想要号令天下、取信于天下，以此来提升魏国的威望，扩充魏国的土地。但仅靠打仗是做不到这些的，并且国力还会因打仗而被消耗。这不正是那个赶路之人做的事情吗？"

魏王听完，这才明白季梁的良苦用心，便打消了攻打赵国的念头。

季梁在路上真的遇到这样一个愚人了吗？当然没有，但他聪明地将魏王所做之事形象化、生活化了，用最简单的案例阐述了走错方向的后果。魏王虽然刚愎自用，但也是聪明之人，自然也能理解背道而驰的道理。

想要内心不迷茫，就要找对人生的方向。如何寻找并确定它是正确的呢？

首先，要充分了解自己。要想清楚自己想要的是什么，想要过什么样的人生。有些人喜欢轰轰烈烈，愿意做很多新的尝试；有些人喜欢平平淡淡，那就要重视稳定性；有些人喜欢单打独斗，那就去寻找人际交往少的领域；有的人喜欢交朋友，那就可以寻找高社交度的工作机会。这些因素不分高低，不分好坏，只求适合自己。

其次，确定人生理想。分析完自己，就要着眼于未来。所谓的人生理想，并不是空想，是对自身条件的了解和喜好做出的深思熟虑。孩童时期，都会有"长大了我要做科学家""做警察""做老师"等梦想，长大后，想要做什么就变成了一件严肃的事情，并且要有事实根据和能力支撑。

再次，确定现阶段能做到什么。根据自身条件、学习成绩和现实制订出一系列计划。比如，一个法律专业的学生的理想是要做一名金牌律师，现阶段能做到的就是不计报酬去接"法律援助"的案件，多上法庭、多跟案例，积累经验。比如，一个大学毕业生想要创业，那就先确定自己对哪些领域有所了解，再进行市场分析，归拢创业资金，寻找天使投资人。这些都是要实际做出的行动，而不是只停留在脑海里。

最后，横向对比。任何行业都不乏竞争对手和业内榜样，除了了解自己，还要了解别人，了解别人是怎么做的。

想要找到正确的人生方向，就必须先了解自己；想要了解自己，就必须客观剖析自己。这也是修身的必要环节。或许在这个过程中你会感到痛苦，会打破心中一直以来的幻象，不要怕，如果不能真正认识自己，又如何打破人生的迷局呢？

悟·破·习

第二章　破规则·摆脱束缚就是突破

1. 勇敢地迎接挑战，不惧怕失败

在人生的长河中，总会迎来各种挑战。在学生时代，挑战就是一次次考试，用成绩证明自己是成功还是失败；在职场中，挑战就是一个个项目，是一次次机遇；在人生中，挑战是一次次面临的抉择，是一次次应对的困难。

有的人有才学，亦有胆识，面对挑战也能应对自如，自然能收获人生的成功；有的人没有才学，但有胆识，即便能力不足，面对挑战时也能全力以赴，努力抓住机遇，即便没有成功，也完善了才学；有的人有才学，没有胆识，面对挑战畏畏缩缩，不敢上前，错失机会后又怅然若失；有的人既没才学，也没胆识，浑浑噩噩，了此一生。

才学是可以弥补的，迎接挑战的勇气才是最珍贵的品格。

孔子的弟子司马牛请教他如何做一个君子。孔子回答仅有八个字："君子不忧愁，不恐惧。"司马牛没听懂，又问："这样就可以称作君子了吗？"孔子说："内省不疚，夫何忧何惧？"意思是说，如果自己问心无愧，那有什么可以忧愁和恐惧的呢？

孔子不仅是这么说，也是这么做的，通过自己的身体力行告诉学生，不惧挑战。孔子带着学生们周游列国，途中遇到过很多困境，但孔子都没有退缩。有一次，他们一行人在一片荒地上行走。突然，他们看到附近的百姓正在挖掘一条沟渠，这条沟渠非常深，看起来就是一项难以完成的任务，于是，有些百姓就想放弃了。这时，孔子让学生们去帮忙。百姓看到孔子和他的弟子们过来，坚持的人觉得有希望了。那些想要放弃的百姓问孔子："这条沟渠太深了，怎么可能完成呢？"孔子回答："我知道这很困难，但是我们必须完成它。"于是，孔子、众弟子和不放弃的百姓继续挖掘沟渠，最终完成了这项艰巨的任务。

雨果说："所谓活着的人，就是不断挑战的人，不断攀登命运险峰的人。"如果一个人敢于面对这些，还会畏惧那些所谓的挑战吗？挑战是什么？是破釜沉舟、打破僵局的机会，是置之死地而后生。

　　《当幸福来敲门》是一部非常经典的励志电影，主人公克里斯·加德纳是一位医疗器械的推销员。但由于医疗器械价格太贵，推销没有想象中那么顺利。时间一长，他的妻子决定离开家出去寻找工作，仅留下五岁的儿子和他相依为命。

　　有一天，加纳德在路上看到一个年轻人开着昂贵的跑车，他上前问了两个问题：你是做什么的？你是怎么做到这么成功的？那个人告诉他，自己是股票经纪人。加纳德又问，怎么能当股票经纪人呢？那个人又说：只要数学好、懂人际关系就可以。加纳德认为自己满足这两个条件，便下定决心要去做一名股票经纪人。

　　于是，加纳德立即行动起来。他去证券投资公司了解想要成为股票经纪人该如何面试，公司告诉他，现在正在招聘，但只招聘20个人，无薪工作半年，最终只会雇用一个人。加纳德没有半点犹豫，就提交了申请，但是等了很久都没有等到面试的通知。加纳德知道自己的学历不高，想要在报名者中脱颖而出，不是一件容易的事情。他找到了这家公司的面试官，但是因为面试官工作很忙，没有时间接见他。这天，他专门在公司门口等待面试官，看到面试官想要搭便车，便称和面试官顺路，他们就乘坐了同一辆计程车。在车里，加纳德问面试官知不知道怎么在半个小时内恢复一个被打乱的魔方。面试官觉得这完全不可能。但加纳德一边演示一边向面试官讲述魔方的原理。短短半个小时，他就恢复了被打乱的魔方。面试官也记住了这个心灵手巧的黑人小伙。

面试那一天，加纳德为了请求房东宽限自己的房租，只得承担起粉刷房子的工作。但中途他因为汽车罚单逾期被抓进警局。等他出来的时候，只能穿着粉刷房子的工装赶到面试地点。通过一番幽默风趣的自我介绍，再加上面试官之前对他已经有了好感，他终于获得了实习机会。在这里实习半年是没有薪水的，这也就意味着，这半年的时间他仍然要一边推销医疗器械赚取生活费，一边要从事股票经纪人的工作。

因为没有钱交房租，房东将他们赶出了门，父子二人变成了无家可归的"流浪者"。这种窘境也没有击垮加纳德，他带着儿子穿梭在城市的各个收容所、教堂等救助地，如果错过了，他就带着儿子躲在地铁的厕所内。

为了让富翁投资自己公司的产品，加纳德不断寻找新的方法，他利用各种渠道认识富豪或企业负责人，在高尔夫球场和人见面，最终得到这些客户的认可和订单……

一个个艰难的考验并没有让加纳德放弃，后来他终于收到了转正的通知，并成为一名股票经纪人。

面对挑战，如果赢了，那就是机遇；如果你恐惧、退缩，那就只能浑浑噩噩地留在原地打转。现如今的社会，竞争是如此激烈，想要获得一席之地，就要具备不怕失败的勇气。年轻人拥有的就是无限的可能，以及不断试错的机会。在年轻的时候，不勇敢地抓住机遇，又待何时呢？

勇敢的人，会将挑战视为战胜自己的机会，全力以赴，努力克服困难，即便失败了也不怕，大不了从头再来。正如有首歌所唱，不经历风雨，怎能见彩虹？没有人能随随便便成功。

2. 拒绝墨守成规，敢为天下先

这个世界一直都在变，人在变，事物也在变，唯一不变的就是改变本身。我们需要随着事物的改变、环境的改变而做出改变，但说起来容易，做起来很难，因为人本身都有惰性，在行为举止上存在路径依赖，会遵从于条条框框，遵从于习惯，遵从于常规。即便心里清楚，这种常规已经过时了，不再适用了，也会用"别人都这么做，我也这么做"当借口。所以，想要做打破常规的人、敢为天下先的人，就需要非凡的勇气和智慧。

田忌赛马是一个非常典型的打破常规的历史典故：齐国大将田忌经常和齐威王一起进行跑马比赛。比赛规则是：共设三局，三局两胜为赢家。在比赛前，双方各下赌注，看最终谁能赢得更多。

田忌总是输给齐威王，因此而闷闷不乐。孙膑是田忌的门客，看到田忌情绪不高就问他怎么了。田忌把赛马的事情讲给他听。孙膑听完笑着说："想要赢得比赛又有何难。"田忌一听有机会可以赢得比赛，忙问："需要购买新的马匹吗？"孙膑说不用，用现有的马就能打败齐威王。田忌觉得很奇怪，用相同的马，怎么能赢得比赛呢？孙膑胸有成竹地说他自有办法。

于是，田忌又张罗要和齐威王比一场。赛马开始，第一局，田忌派出了下等马，对阵齐威王的上等马。这一局，齐威王毫无悬念地赢了。第二局，田忌派出了上等马对阵齐威王的中等马。结果，田忌赢了第二局。第三局，田忌派出中等马对阵齐威王的下等马，田忌又赢了。三局两胜，田忌终于赢了一次齐威王。

悟·破·习

在常规认知里，上等马就要对阵上等马，下等马就要对阵下等马，田忌每次这么做都是输。孙膑只不过是调整了马匹的出场顺序，就轻松赢得了比赛。其中的关键就在于打破常规认知。孙膑用自己的智慧，让田忌赢得了比赛，这也是他被齐国救回之后第一次扬名。

有很多人会陷入误区：规则不是一朝一夕制定出来的，一定是经过长时间实践最终形成的，并且得到了大部分人的认可，那遇到事情就按照规则去办，至少不会出错。规则到底是什么？规则只是辅助我们做事的工具，而不能让规则主导我们。规则是辅助我们规避错误、不浪费时间的；如果规则不能辅助我们规避错误，就说明这个规则落伍了。

在古代的官场中，有人是言官，有人是谋士，但还有一种人叫"改革家"，前有战国时期的李悝、商鞅，再到北宋时期的王安石、明朝万历年间的张居正，后有清朝末期的康有为、谭嗣同，相比于那些言官、谋士，改革家的故事都带着一种"破釜沉舟"的悲壮色彩。

李悝，是法家的创始人，原本在魏国担任中山相和上地守。魏文侯上位之后，十分看重李悝的才学，便让他担任相国。在战国中后期，贵族世袭罔替，庞大的贵族成为魏国最大的包袱。李悝上台后，直言要废除"世袭制"，将贵族中于国于家无用却享受特权的人驱赶出政治舞台，并且强迫他们去参与劳动。

很多既得利益者（贵族）都表示强烈反对，但李悝态度坚决，称"食有劳而禄有功，使有能而赏必行，罚必当"，意思就是说，要么你就去参加劳动换得粮食，要做官就要做有利于国家的官员，对得起拿到手里的俸禄，有功必赏，有过必罚。

除了政策改革和经济改革的措施之外，李悝最大的贡献便是修撰了中国历史上第一部成文法典——《法经》。尽管在此之前，很多律法都已经被颁布使用，但李悝将各国律法汇集一处，经过修正和规范，才形成这部《法经》。

李悝的改革在魏国初步展现出了成效，也让战国其他国家都意识到，不能坐以待毙，自家也要开始变法。其中，最成功也最被世人熟知的便是商鞅变法。其实，商鞅的变法是建立在李悝的《法经》基础上的，再根据秦国当时的情况进行了部分调整。

在战国中后期，秦国并不强大，甚至因为地理环境问题而处处受到限制。秦孝公上位后，认识到如果秦国不变法、不变强，早晚都会被其他国家所吞并。商鞅入秦之后，就找到秦孝公，说自己有办法让秦国变得强大。秦孝公有意考一考商鞅，便叫来各位大臣，与商鞅展开辩论。这些大臣里有很多旧贵族的代表，他们还没听完商鞅的举措就开始反对，认为"法古无过，循礼无邪"，意思是说，这些法律从古至今，我们只要遵循就不会出错。商鞅反驳说："前世不同教，何古之法？帝王不相复，何礼之循？"意思是说，时代变了，哪里有一成不变的法律？然后便针对改革和变法详细阐述了自己的举措，把那些秦国大臣说得哑口无言，最终，在秦孝公的支持下，商鞅颁布了很多变法措施，让秦国逐渐成为七雄之首，最终嬴政在位时消灭六国，建立了大一统的秦王朝。

规则也好，制度也罢，都是为了更好地辅佐人做事而存在的，面对不合理的制度和规则，我们应该具备李悝、商鞅等人变法的勇气，也要具备孙膑的智慧，才能打破规则的牢笼，掌控自己的人生。

举个简单的例子，在中国传统思想里，男主外女主内，男人就应该赚钱养家，女人就应该生儿育女。但随着中华人民共和国的成立，这条延续了上千年的规则被打破了，妇女能顶半边天，也能做出卓越的成绩，实现人生价值；同样，男人也可以做"家庭煮夫"，做妻子背后最坚强的后盾。要记住，所谓的规则，应该是让我们的生活更幸福、更有意义，而不是变成沉重的枷锁，拖慢我们前行的步伐。

3. 懂得利用隐形规则

中国有句老话，没有规矩不成方圆。在前文中，我们已经说到有些不合时宜的规则就需要勇敢打破，拒绝墨守成规。但同样，有些规矩，它远远没到需要打破的阶段，比如公司制度、行业规则，我们又该怎样对待呢？

无论是各行各业的行规，还是每个公司具体的规章制度，相比于法律条款和约定俗成的世俗观念，都更隐形、受众更小，可以称之为"隐形规则"，但涉及在内的人又都不可避免地要遵守它。比如，外贸公司因为时差问题，加班情况非常严重，甚至有的公司为了配合客户做出日夜颠倒的作息安排；有的公司比较注重个人形象，对员工的穿着有所要求……这些规则并不透明，也不会有明文规定，但一般也不会被随意打破。对于职场人来说，我们不需要惧怕隐形规则，相反，我们还可以利用隐形规则，让自己的工作事业更上一层楼。

现如今，职场中最常见的隐形规则有两类：一类是人际关系上的隐形规则；另一类是工作流程上的隐形规则。

先说第一种。人际关系是职场里非常深奥的一门学问，面对领导、面对同事、面对客户，需要运用不同的方式方法来应对。

而第二种，往往体现在你做事会不会动脑子上。工作流程是公司的规章制度，但并不一定要完全照搬。如果你为了遵守公司流程而耽误了工作进度，就会被领导批评；如果你为了赶进度而破坏了公司流程，事后往往可以补救。

小陈在一家公司上班，他为人老实，领导布置的任务都会认真完成，但在年终总结时，他却排在末位。他心里不服气，觉得自己明明很努力地工作，为什么却排在末位？于是，他找到领导，领导就给他讲了几件事：

第一，小陈不太会讲话，总是不经意间得罪同事。好几个项目小组的负责人都明确表示不希望小陈出现在自己的团队里，理由是有他在队伍不好带。

第二，小陈在客户面前总是夸夸其谈，不知道客户真正需要的是什么。

第三，为了表现自己遵守规章制度，故意卡着时间申报材料，导致项目进度被延后。

小陈觉得自己特别冤枉，就向领导解释：我只是指出项目里谁不好好干活，怎么能被扣上得罪同事的罪名呢？向客户推销产品难道不是应该的吗？不推销怎么知道客户感不感兴趣呢？至于公司制度，那更是冤枉。

领导看小陈没听懂，就让他在工作中看优秀员工是如何工作的。

于是，小陈通过观察才发现自身存在的问题。

优秀员工和其他同事之间关系非常融洽，即便业绩突出，但对待同事却非常友善，平时还会鼓励对方。即便在会议上与对方发生争执，离开会议室，优秀员工都会主动走过去，要么是请对方喝咖啡，要么是和对方约着中午一起吃饭，以此来化解会议上带来的负面情绪。在面对客户时，优秀员工总是先问客户的需求，并且根据客户的时间制定好重点、次重点，如果对方还有时间和兴趣，再谈谈其他的项目。如果公司规定和项目本身有所冲突，优秀员工总是先让同事处理工作，她去和行政部门进行协调，让双方都有台阶可下……

顺应隐形规则、利用隐形规则，其实并不难懂，用四个字就可以概括：因地制宜。意思是，要根据大的环境和实际情况来制定相应的处理方法。正所谓，因地制宜、量身定制，才是成功的

悟·破·习

关键。

职场里的隐形规则，并非不能碰触，它更类似于潜移默化的规矩。应对人、对事，做出最有利的判断，做最体面的事情。

4. 谁都挡不住时代的步伐

时代的车轮滚滚向前，任何人都阻挡不住它的脚步。我们唯一能做的，就是让自己不掉队。

古人有云："活到老，学到老。"生命不息，学习不止。很多人会狭隘地认为，学习，就是要学习高端的专业知识，实际上，我们要学的，不仅是书本上的内容，也不仅是专业方面的内容，人生哲学、人际哲学、新鲜事物等，都是需要我们不断学习的。

在专业上保持领先，是职场人的专业素养。很多大学生拿到公司录取的通知后，就觉得高枕无忧了，就彻底告别了"学生"的身份。然而，随着社会的高速运转和变化，任何行业都会有新的机遇，甚至还会出现跨行业的机遇。如果彻底放弃学习这项技能，对新领域的相关知识一窍不通，很容易就会跟不上时代的脚步，被社会淘汰。

学习专业知识，或是跨学科的知识，都是为了更好地提升自己的核心竞争力。很多年轻人会觉得进入职场后，升职才是最重要的事情，但站在公司的角度，公司有多位中层管理者，即便失去了中层管理者，还会有职业经理人，公司最不能缺少的是那些技术骨干，因为他们才不可替代。所以，核心竞争力不是摆在名片上的头衔，而是员工的不可替代性。

在生活态度上也要不断修炼，保持独立自主，跟上时代的步伐。每个时代的人都有自己的性格特点，老一辈人勤俭节约、吃苦耐劳，那是时代留给他们的烙印；70后和80后已经到了上有老下有小的阶段，压力比较大，最能隐忍；90后成为现在的主力军，摆在他们面前的是各种压力接踵而至；00后的年轻人刚刚开始接受社会的洗礼，个性更张扬，不愿意委屈自己……10后、20后长大进入社会后，又会发生变化。但无论时代如何改变，每个人都应该是独立的个体，而不是依附旁人的藤蔓。

在很多影视剧里常常有这样的角色：一个人从小就被父母保护得特别好，没吃过苦，也没吃过亏；长大后，找了一份朝九晚五的工作，很快就经人介绍嫁人了。从父亲的小公主变成了丈夫的妻子。她没什么主见，结婚前依赖父母，结婚后依赖丈夫。等人到中年时，发生了意外，或者是丈夫意外过世，或者是丈夫出轨离婚，她被迫成长，谱写出一段励志故事。

电视剧《我的前半生》里的女主角罗子君就是这样的人设。人到中年，丈夫出轨离婚。从来没有工作过的她只好孤身闯职场。然而，她要能力没能力、要经验没经验，只能依靠闺密唐晶和唐晶的男朋友贺函重新适应职场。

看起来，这更像是一个中年妇女幻想出来的成人童话，但现实不是影视剧，更不是儿戏。如果人到中年还不具备独立生存的能力，又如何能应对生活的种种磨难呢？

家境富足、学历高的人的确会过得更轻松，但并不足以让我们"躺平"。既然有了物质条件，让我们可以不为五斗米折腰，那就更有条件去获取更高的精神追求，从而培养人格的独立。即便人到中年遇到意外，也更有底气去应对。

如果是家境贫寒、学历不算高的人，就更应该培养自己的独立自主，要懂得在人生境遇里进退有度，抓住每一次机遇，让自己到达更高的高度，看到更美的风景。

时代的变化总会带来思想上的碰撞，从而引发内在的混乱。心乱了，就什么都乱了。有些人年轻时能够保持积极进取的心态，等年龄大了，就逐渐变得保守，甚至故步自封。

21世纪初期，是科技进步的高速发展阶段，在短短二十几年的时间里，我们有了支付宝、微信等移动支付，有了线上挂号、线上看病等新的医疗手段，有了家庭陪护、看病陪护等新的养老护理。但现在的难题是，很多老年人不会使用手机，必须依赖子女才能完成基本操作。

作为年轻一代，我们需要做的是防微杜渐。在未来几十年里，科技依然在进步，依然会有新的方式取代旧的方式，我们老了之后，要想跟上时代的脚步，就不能停止学习和内心的修行。

第三章　破认知·补齐精神世界的短板

1. 打破知识壁垒，向优秀的人求教

孔子曰："三人行，必有我师焉。"意思是说，共同前行的人里，肯定有一个人能在某个方面教会我一些东西，成为我的老师。如果按照学识水平而言，能够当孔子老师的人几乎没有，孔子这么说，是在表示谦虚，也是在表达另一个非常重要的观点——打破知识壁垒。

每个人都有自己特别擅长的领域，即便是农民，他也有自己的知识储备——他认识很多农作物，对春耕秋收的各个时节如数家珍，对如何播种、如何插秧、如何施肥、如何除虫害都有着一

套完整的理论和实践相结合的经验。

在我们的成长道路上，生活经历、教育水平和个人兴趣等因素，都导致我们只了解自己感兴趣的领域，对那些不熟悉的、不感兴趣的，我们往往会避而远之。这就是知识壁垒。毫不夸张地说，知识壁垒就好比是一堵无形的墙，挡在我们与那些领域之间。

在综艺节目里出现过这样一个片段：几个专业领域里的优等生共同参加一次露营活动，夜晚，他们发现从院子里向外面喊有回音。文科生感慨着这就是大自然的魅力，然后一声声地呐喊，念着家喻户晓的唐诗宋词。理科生则根据回音间隔几秒，迅速计算出山与院子之间的距离。为了验证得更加准确，他们甚至拿出计算器开始演算……网友评论道：这难道就是文科生和理科生的差别吗？文科生忙着感慨大自然，理科生忙着计算答案。

这就体现出了文科生和理科生的侧重点不同：文科生对那些历史典故、唐诗宋词、国学经典更感兴趣，他们对生活充满了浪漫主义色彩；而理科生则更关注数字的精准和各种现象的原理，所以才会计算数据。如果单看这个画面，会觉得很有意思，文科生忙着感慨人生、感慨大自然，理科生忙着精算数据，忙着科普原理。或许文科生不明白理科生怎么如此扫兴，理科生也不理解文科生怎么这么无病呻吟。

　　文科生也好，理科生也罢，他们的做法没有任何问题，说到底，是对彼此存在着知识壁垒，文科生听不懂那些理论数据，理科生也搞不懂唐诗宋词和这个夜晚的关系，就只能各聊各的。假设，有一个人既了解唐诗宋词的魅力，也懂得物理计算的原理，他是打破知识壁垒的存在，既能给文科生讲解物理现象的原理，又能给理科生阐述唐诗宋词的各种典故。这个夜晚的教学是否会变得格外有趣呢？

　　打破知识壁垒，听上去似乎很难做到，实际上并不难，尤其是在碎片化阅读的现今，善于利用网络搜索就可以做到随时补充自己的知识盲区。当然，想要打破知识壁垒，前提是我们能意识到知识壁垒的存在。

　　我们都听过井底之蛙的寓言故事：一只小青蛙被困在井里，它只能看到井口的一方天空，只能感受到井里这么多水。有一次，它遇到了一只海鳖，就对海鳖吹嘘：我在井里特别快乐，高兴了就跳到井壁上玩耍，疲倦了就回到砖洞里睡觉，或者是在水里游泳，多惬意。海鳖听后问，那你见过大海吗？大海特别宽广，无边无际，海里有很多生物，它们共同生活在海洋里……

青蛙当然不会知道大海的宽广辽阔，这与夏虫不可语冰是一个道理，这是物种的生活习性所导致的。但人类不能做井底之蛙，因为我们有聪慧的大脑，可以不断完善自我，通过打破知识壁垒，寻找前进的方向。

首先，要永远都保持好奇心。好奇心是最好的老师，当我们对一件事物、一个领域产生好奇时，才会有动力主动去了解它。比如，在看电视剧《隐秘的角落》时，里面多次提到了笛卡尔的故事，很多观众对此产生了兴趣，就去了解数学家笛卡尔的一生，继而对笛卡尔的数学产生兴趣。这就形成了打破知识壁垒的过程。在生活中，我们经常会遇到自己听不懂的词汇、看不懂的典故，但没关系，可以记录下来，等闲暇时利用网络搜索进行初步了解，如果确认自己感兴趣，再去深入了解。

其次，要保持低姿态。尊重不同背景的人，学习他人的知识和经验，可以让我们获得更多的学习和成长机会。一位具有海外背景的人对医学常识的了解可能不如一个有医疗背景的护工。那么如果这位具有海外背景的人住院了，护工叮嘱他要注意哪些事项，他不能因为自己有才能就不把护工的话放在心上。或许在自己的专业领域上，我们已经非常出色，但在学习这件事情上，谦虚永远都会使人进步，骄傲永远是寸步难行。所以，面对并不了解的知识，我们更应该用"小学生"的心态去学习。

再次，多和人沟通。在很多地方都有兴趣小组、线下活动，比如很多城市都有博物馆，博物馆里会定期举办文化沙龙，在这里，你不仅能看到文物本身，还能通过和人交流掌握更多的历史知识。当然，这和人的性格有关，有的人能够在与人沟通时保持心情愉悦，那学习新的知识就事半功倍，有的人比较内向，更喜欢独自研究。这一点，因人而异。

最后，学会了理论也要多实践。停留在口头上的永远都只是纸上谈兵。有很多需要动手去实践的，就勇敢地去尝试吧！

打破知识壁垒，能让我们看到更多元的世界。

2. 互联网世界，只有想不到，没有做不到

互联网的出现，改变了很多人的生活方式。方便快捷，让网购走入千家万户；信息广泛传播，让我们足不出户便知天下事；资源共享，让世界没有距离。但运用互联网的方式不同、目的不同，取得的效果自然也有所不同。

小A是个"手机党"，天天抱着手机打游戏，对他而言，网络就是他和游戏之间的桥梁。如果要是问他，网络还能干什么，他只会说点外卖；小B是个农村孩子，凭借自己的刻苦努力终于考上了大学，在大学期间，他看到自己和别人的差距，便整天泡在学校网吧里，从如何使用电脑、如何上网开始学习，之后便一头扎在各大学的免费课程平台上，看课程、看论文、看数据；小C是个比较内向的人，但特别会画画、作图，他不善于和人交流，所以不愿意去公司上班，便在网上接兼职……

网络是一种客观存在，但如何使用它因人而异：在大城市打工者靠着网络和老家留守的父母和孩子拉近了距离；自强不息的学霸靠着网络找到更多的学习机会；头脑灵活的人靠着网络找到了新的渠道，开展业务；当然，也有得过且过的人在网络上找到消磨时间的娱乐消遣。网络，是同一个网络，区别在于你如何利用它，运用得好，它能成为你青云直上的助力；运用不好，它会成为诱惑你不断放纵的恶魔。

互联网，让专业变得更专业。各个专业的学生利用互联网，可以非常轻松地获取到这个领域里最尖端、最前沿的实验数据，看到最新的学术论文，这种属性让网络成为最浩瀚的知识海洋。

电视剧《长大》里有这样一个片段：外科一把刀周明要给患者做一台器官移植手术，这是非常难得的观摩、学习机会，所有实习生都想参与，尤其是实习医生白晓菁和叶春萌。然而，手术室并没有那么大的地方，周明只能带一名学生进入手术室，其他学生只能坐在外面看直播画面。为了公平，他给所有实习生都布置了一项作业，如果器官移植手术中遇到某种风险要怎么处理，谁提供的解决方案最好，谁就进入手术室。白晓菁是接受精英教育的富二代，她拿到作业后，第一时间进入专业网站寻找相关的学术论文。而叶春萌是从小县城来的孩子，连笔记本电脑都还没买，只能去医院图书馆里翻阅已经出版的医书和这所医院记录在案的病例。这里体现的就是互联网的便利性。

互联网，让获取信息更简单。有了互联网，人与人之间获取信息的差距被缩小了。只要你想，你就可以在互联网上搜索到自己想要的信息。并且，它能够满足大部分人的需求。在没有互联网的时候，人们想要获得信息，只能依靠电视、广播和报纸杂志这类传统媒体，现如今，很多东西都在网络平台里，它就像是一个巨大的容器，可以随时浏览，也可以随时查询，不受时间和空间的限制。

互联网，让资源实现共享。现如今，很多博物馆、图书馆有自己的数据平台，无论想借阅什么类型的图书，应有尽有，不需要你专门跑一趟，也不在乎你远隔万水千山。甚至很多高校都实现了资源共享、课程共享。

互联网的出现让学习变成一件很容易的事情，只要学生想学，网络就能提供各类资源。尤其是在疫情期间，因为条件受限，所有学生都不能面对面上课，网络就成了最好的载体和纽带。

在增长见识、传播新闻等方面，互联网也成为不可或缺的途径。中华文化源远流长，但传播规模远远不够，甚至很多欧美地区的大众对中国的印象还停留在20世纪八九十年代。互联网的出现、短视频平台的火爆，让更多外国人了解中华文明。

抖音短视频平台在国外非常火，很多国内的短视频也成为时尚。比如，《科目三》的舞蹈、歌曲《一剪梅》都成为抖音海外版的现象级素材；熊猫丫丫的遭遇也在国外互联网上引起热议，从丫丫在孟菲斯动物园的状况与现在丫丫在北京动物园休养一年后的状态进行对比，国外网友也都表示关心和欣慰；哈尔滨冰雪大世界的火爆"出圈"，让全世界的互联网人都知道了中国有个城市叫哈尔滨，也有不少人关注到了哈尔滨的侵华日军第七三一部队遗址，继而开始了解中华儿女在抗日战争中遭受的苦难和不

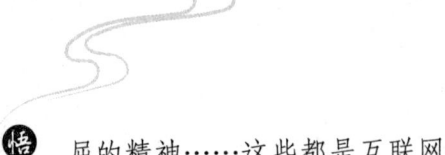

屈的精神……这些都是互联网的功劳。

除此之外，互联网还是一个崭新的赛道，提供一个又一个新的平台。网购已经逐渐改变了我们的生活习惯，也改变了商家的销售模式和思路。从早期当当、亚马逊、淘宝的崛起到京东、拼多多、美团等平台的加入，再到滴滴、神州等用车软件的普及，以及抖音、快手等直播平台的电商化，短短二十多年的时间，人们的衣食住行都已经离不开互联网了，商家也更看重互联网销售和互联网营销。

相信在不久的将来，互联网还会给我们带来更多惊喜和便利。

3. 不可都相信，不可不相信

孟子曰："尽信书，则不如无书。"表面意思是如果完全相信书本，那还不如不看。深刻的意思是，如果你看书的时候没有进行独立的思考，而是全盘接受作者的观点，那还不如不看。

"读万卷书,行万里路"是从古至今积累知识、增长见识的最佳途径。很多人没有条件行万里路,那就读万卷书。但是,读书也是有技巧的。

作者的话,要思考是对是错,是真是假。很多人在看书的时候,只是眼睛在看,脑子在记,但并没有跟着思考。这种方法是不对的。因为你只是在看作者向你展示的书中的世界,并没有和作者产生共鸣,自然也就不会对书中的内容进行思考。

叶圣陶说:"读书忌死读,死读钻牛角,砣砣复孜孜,书我不相属。活读运心智,不为书奴仆,泥沙悉淘汰,所取唯珠玉。"作为一名现代教育家,叶圣陶先生在教育事业上有突出的贡献,更知道该如何教导学生学会读书。

举个简单的例子,一个学生阅读《红楼梦》,在刚开始阅读的时候,他脑海中对《红楼梦》的印象就是"宝黛钗的爱情纠葛""四大家族的兴衰史",对于其他人物并不了解。读第一遍的时候,他可能会被里面出现的几百号人物绕得头晕眼花,但随着阅读的不断深入,他的笔记越来越多:这几百号人物之间是什么关系、神瑛侍者和绛珠仙草对应的是贾宝玉和林黛玉吗、神瑛侍者和顽石是什么关系、薛宝钗为什么要一直住在荣国府里、贾母到底支不支持木石前盟、王熙凤为什么要设相思局、又为什么要逼死尤二姐等。读第二遍的时候，这些问题在心里都会有一个初步答案，并且还会开始更深一层的思考，这些女子的命运为何都如此悲惨，男人为什么都走不出去。读第三遍的时候，你终于领略到了《红楼梦》这本书的妙趣，欲罢不能，看了一遍又一遍。

如果你没有这几次一次比一次深入的阅读体验，都是从网上看别人总结的，那别人没有总结的妙处你就容易被忽略。任何一本书都有详写和略写，有很多作者的意图隐藏在略写里。仍然用《红楼梦》举例，李纨作为大嫂，为何不掌管荣国府，反而要让王熙凤掌管？并且李纨和几个妹妹之间的关系比较疏离，这是为什么？这就被作者隐去了，只有认真阅读并思考过才能理解。

诚然，这样看书可能比较辛苦，速度也比较慢，但收获的不仅仅是知识，还有思维逻辑的建设。有些人对这种读书方法不以为意，觉得这只是在消磨时光，把读书当成一种娱乐方式，完全没有必要那么累。实际上，读书是一种潜移默化的习惯养成，养成了读书的习惯，思考会贯穿始终，并不会觉得疲惫。不仅如此，还能提高挑选图书的能力，在众多同类品种找到最适合自己的图书。在现在这个连读书都呈现碎片化的时代里，阅读本身就是一个非常好的习惯。不要再让不好的阅读方法毁掉它。

在各个领域里，评价高说明专业度高，热门说明经过了市场的检验。如果仅凭借自己的喜好选书，那就很容易进入信息茧房而不自知。让一个文科生去看经管类的图书，别说看不看得懂里面的内容，就连那些专业词汇可能都一知半解，但如果一边检索一边阅读，就能理解那些比较浅显的金融知识点，或许就能激发出求知欲，进而解锁新的兴趣点。让一个理科生去看历史类的图书，年份、人物，估计都能把他绕得眼花缭乱，但如果边查找边阅读，就能理解历史脉络和发展逻辑，或许就能激发他的逻辑思维，找到历史发展的规律。

在读书之前，不要给自己设限制。有些人上来就认为，哪些书读不了，哪些书读不懂，连开始的勇气都没有，自然也就读不下去。诚然，有些书是有阅读门槛的，但不代表你就跨不过去。如果碰到比较难懂的图书，除了边检索边阅读的方式之外，还可以尝试利用思维导图、AI总结等新型方式去阅读。

同时，也不要对读书心得有过高的期待。阅读本就是一件非常个人的事情，收获多少、看懂多少，这些都是自己的评价。有些人会以他人的评价做标准，比如某本书的评价非常高，甚至有人评价说是打开了新世界的大门，于是你买来阅读，却发现根本就没有说的那么好，你的阅读体验和阅读兴趣就大打折扣。其实，彼之蜜糖，汝之砒霜，或许只是单纯地不适合你罢了。

悟·破·习

第四章　破杂念·人生是一场修行

1. 戒除低端的欲望，培养更高的追求

孔子说："君子有三戒：少之时，血气未定，戒之在色；及其壮也，血气方刚，戒之在斗；及其老也，血气既衰，戒之在得。"很多人都不知道，孔子除了是一位伟大的思想家、教育家、音乐家之外，还是一位"养生专家"。他认为，人在年少时，欲望特别容易上头，这是因为年轻人气血上涌，容易冲动，所以需要戒色；人到壮年时，血气方刚，筋骨也都成型了，遇到事情特别容易动手，让自己陷入麻烦，所以人到中年要戒斗；人到晚年时，因为觉得自己已经老了，恨不得把所有东西都紧紧握

在手里，所以年老者，要戒得。

孔子之言恰好代表了人生的三个要素：色，代表情欲；斗，代表虚荣、面子；得，代表金银、财富。人在各个阶段都有各个阶段的"欲望"，看似不同，本质都是一样的。当然，这里所说的欲望不仅仅是指身体上的，也包括内心世界的。

当我们面对欲望时，最好的应对方法是转移注意力。很多心理学家都曾说过，低级欲望往往是短期的、冲动的，可以适当地转移注意力，哪怕是看看视频、听听音乐，放松心情，基本都能有所缓解。欲望，乃是人之常情，只可疏导，不可强压。对待任何一种欲望，只要不有违道德、不违反法律，适度即可。但如果欲望已经偏离轨道，那就需要重视起来，不可忽视了。

人在二十多岁到三十多岁的时候，正值壮年，又恰逢刚步入社会到在社会站稳脚跟的关键时期，非常注重所谓的"人脉圈子"，多要表现得自己特别"讲义气"，把"面子"看得特别重。

很多人都有过类似的经历，或者在网上看到类似的案例：原本想要追忆青春去参加了同学会，没想到却变成了攀比大会。学生时代公认的"班花"张口闭口谈论的都是奢侈品牌；曾经的学霸现在摆出一副精英派头，参加同学会好像是参加行业聚会；

不起眼的女同学已经嫁人生子，三句话不离"我老公""我儿子"，好像丈夫的事业和孩子的成绩是她的功劳；曾经喜欢摆阔的男孩现在已经成了真正的生意人，在同学会上不停地摆阔……

原本想来追忆青春的你只能在心里发出一声叹息，好好的同窗之谊怎么就变成这样了呢？为什么这种情况不是个例，而是很多人的心声？答案很简单，人到中年，大多更现实、更世俗化，所以特别看重面子。

等人步入六十岁之后，身体各项机能已经开始呈现衰败之势，人就开始惧怕死亡，恨不得把所有东西都紧紧抓在手里，生怕失去那些身外之物。举个简单的例子，有些老年人用花钱来引起子女的关注和陪伴，花大价钱购买保健品，钱没少花，实际效果却没有。实际上，他们心里知道这些保健品没用，只不过是寻求心理安慰罢了。

无论是青春期的"色"、壮年期的"斗"，还是暮年期的"得"，都是相对比较低端的欲望，想要摆脱它并不困难，通过疏导，或者是转移注意力即可实现，但最根本的还是培养更高的人生追求。

在学生时代，我们都曾读过《纪念白求恩》，你是否还记得那句"一个人能力有大小，但只要有这点精神，就是一个高尚的人，一个纯粹的人，一个有道德的人，一个脱离了低级趣味的人，一个有益于人民的人"。

2. 在自律中找到成就感

现如今，年轻人都流行运动，热衷于长跑、骑行、健身等，有的人是为了保持身材，有的人是为了追求健康。这都是值得鼓励的，因为这是身体的自律，也是最简单的自律方式。

《论语·子路》说："子曰：'其身正，不令而行；其身不正，虽令不从。'"意思是说，自身端正，不用别人的命令就可以遵行；自身不端正，就算有人发号施令也不会听从。这就是自律的基本内涵。自律，是一种自我控制、自我约束的能力。

"头悬梁，锥刺股"的故事大家都听过：

汉朝著名的纵横家孙敬自幼喜欢读书，每日制订读书计划，经常读到深夜才结束。为了不影响学习，他就将麻绳的一头悬在书桌正上方的房梁上，另一头绑在自己的头发上。如果自己昏昏欲睡，头往下低的时候，头发就会被麻绳拽痛，自己也就清醒了。

战国时期的思想家苏秦用的方法更直接，他找来一把锥子。读书时只要犯困，他就用锥子刺自己的大腿。身体感到疼痛，大脑就清醒了，自己也就能继续读书了。

古人是通过对身体的刺激来保持清醒。现如今，我们很少使用如此极端的方式了，更多的是指保持习惯，对抗懒惰，如早睡早起、坚持运动等生活方式。

在视频网站上兴起了学习视频日志（vlog）的录制风气，这类视频博主大多是备考（研究生考试、公务员考试等）的学生，他们记录自己一天的学习情况：早上几点起床、几点开始学习、看过多少个知识点、背诵了多少个英语单词、学习了多少个小时，到了晚上，整理一天的收获。这类视频博主的本意是通过这种方式记录自己的学习状态，以便当天晚上进行查漏补缺，但更多的观看者通过这种视频找到了同行者，每天跟随视频博主的脚步打卡学习进度。这成为新时代学生的自律方式。

从古至今，自律都是值得被称赞的，因为身体的自律需要和惰性做抗争。以晨跑为例，偶尔一天早起去晨跑，只是心血来潮，如果想天天去晨跑，就需要极大的毅力才能完成。想想看，每天早起就已经让人想打退堂鼓了，如果是寒冬早起呢？你是否有毅力坚持离开温暖的被窝，是否能坚持走入寒风？坚持十天半个月后，是否会因为浑身酸痛而放弃呢？

除了身体行为上的自律之外，还有精神层面的自律，同样可以通过强大的精神力来约束和规范自己的行为。唐朝宰相、诗人张九龄曾说："不能自律，何以正人？"这句话就非常直白地指出，如果连自我约束的能力都没有，又何谈去正确引导和教育他人呢？

明朝弘治时期的内阁首辅徐溥是一个非常自律的人。在他当官期间，始终保持这样一个习惯：他的书桌前有两个瓶子，分别装着黑豆和黄豆。每当他心里产生了一个善念，或做了一件好事时，就往瓶子里放一颗黄豆；反之，如果自己有了什么过失，或是斥责了别人，就往瓶子里放一颗黑豆。每天，他都会对一天的行为举止进行自省，做了多少好事、说了多少善言，又或者是有了什么过失、说了什么恶语。看着瓶子里的黄豆和黑豆，以此来提醒自己要谨言慎行。

刚开始的时候，黄豆的数量明显比黑豆少。后来，黄豆和黑豆的数量差不多了，徐溥觉得还不够，需要再接再厉。最后，黄豆的数量越来越多，相比之下，黑豆的数量几乎可以忽略不计了。

纵观他的整个官场生涯，徐溥做事讲究原则，为人宽宏大度，深得皇帝的信任和百官的称赞。做官的时候，他没有建造府邸，而是选择辞官之前让家人在老家修建了一所住宅。他回到家乡的时候，因为年迈而双眼近乎失明。他回家后先是询问家宅有多大，管家告诉他总占地面积有多少。徐溥听后，命令两名下人扶着自己绕着整座宅子转了一圈，还不断用双手摸一摸墙壁和柱子。家人以为他因为不能看到家宅，只能靠双手触碰。然而，徐溥说，他是怕家人把宅院修得太大、太过华丽。

有一天，家人扶着他去门外散步，他越走越觉得疑惑，就问现在是在院外面了吗？怎么听不到车马人流的声响？家人回复道，听说您告老还乡，县令怕外面的马路上有车马声会影响您休息，就把大路迁到河对面去了。徐溥一听，立刻命令自己的儿子去和县令说，立刻恢复大路于宅院门口。他说，不能放任县令的这种行为，更不能因为他而影响百姓的生活。

徐溥作为明朝首辅，他的自律体现在对自己行为的约束上，要知道，在明朝中后期，首辅的权力是极大的，自律就是在和贪婪做斗争。

作为普通人，自律在精神层面主要是和人性的弱点做斗争。每个人都希望能轻松生活，能躺着绝不坐着，能坐着绝不站着，能站着绝不走动……这就是人的惰性。我们心里想要勤奋、要努力、要积极向上、要诚实守信……但想是一回事，做是另一回事。自律，就是要让人的思想和行为高度统一，对抗惰性、对抗贪婪、对抗消极。

3. 诚信待人，真诚待己

《礼记·中庸》中说："诚者，天之道也；诚之者，人之道也。"意思是说，自然界的一切都是真实存在的，没有任何虚假之处；真实是宇宙万物存在的基础。故而说诚是天之道。而做人的道理或法则亦是如此，要发自内心地真诚处事。

对待他人，我们要让"诚信"成为自己的名片和标签。从古至今，人们都很看重诺言，你可以不说，但如果说了而不遵守，就会被视为人品不端。反之，如果一个人遵守诺言，就会得到大家的赞许。

悟·破·习

秦朝末年，有个叫季布的人，他是个信誉度非常高的诚信之人。也正因为这个缘故，很多人都尊重他，愿意和他成为朋友。当地甚至流传一句谚语："得黄金百斤，不如得季布一诺。"（也是成语"一诺千金"的由来）。

后来，刘邦打败项羽，当了汉高祖。季布曾经是项羽手下的将领，刘邦不会放过项羽的部下，便下令悬赏捉拿。然而，认识季布的人不仅不被重金所诱惑，反而冒着被杀头的危险保护他，希望能够帮他隐藏踪迹。

夏侯婴看到这番场景，便替季布求情。他对刘邦说，一个能够诚信到让朋友放弃身家性命而保全的人，还不能得到陛下的宽恕吗？刘邦一听，也觉得在理，不仅赦免了季布，还让他担任郎中。

在古代，上至朝廷，下至百姓，都十分重视诚信。朝廷会给地方上重视诚信的名门望族赐予匾额。而百姓重视的诚信分两方面，一个是周围邻居的诚信，都愿意和有诚信的人成为朋友；另一个是对朝廷的诚信，这一点对统治阶级至关重要。

战国时期，秦国因为领土偏西北，故而民风彪悍。秦孝公为了让秦国强大起来，就支持商鞅变法。但是，商鞅在推行法治时，很多百姓都不相信他。商鞅为了改变这个情况，决定先在百姓面前表示朝廷的诚信，让百姓可以相信朝廷。

于是，他下令在都城南门外立起一根长约三丈的木头，当众许下承诺：谁能把这根木头从南门扛到北门，就赏金十两。百姓们刚开始都持怀疑态度，大家都认为，这是朝廷在戏耍他们。过了几天都没有人来尝试，商鞅又把赏金加到了五十两。这次，终于有一个大汉站了出来，他很轻松地把木头从南门扛到了北门。商鞅立刻拿出早就准备好的赏金交到大汉手里，并告诉百姓，朝廷的承诺从来都是作数的。不仅是这五十两的赏金，之后颁布的布告都是如此。就这样，商鞅变法开始顺利施行。

商鞅以一种强有力的方式向百姓们展示了他的决心，使得百姓对朝廷的指令开始信服，这也为他之后的变法提供了民意基础。

诚实守信不仅是古代人需要遵守的道德规范，也是当代人需要的优秀品质。很多人都曾遇到过这样的事情：好朋友找自己借钱，刚开始说这个月发了薪水就还，然后变成再等等，等发了提成就还，最后变成等发了年终奖再还……从一个月拖到几个月，最后拖了一年。自己心里非常苦恼，其实没有多少钱，也不是什么大事，但与这个朋友肯定是不会再有什么深交了。这就是诚信出了问题。换位思考，我们也不能做出类似不守诚信的事情。要知道，人品就像信用卡一样有隐形的信用值，一旦信用值被质疑，不仅会失去朋友，就连自己的信誉、口碑也在朋友圈里一败涂地。

对待自己，我们要向自己的内心诚实坦白。很多人总是喜欢自欺欺人，这是非常可悲的，但很多人并没有意识到。

每个人都应该真诚地面对自己，面对自己的弱点和不足，也面对自己内心的欲望。而不是因为害怕真相太过残酷，就把自己的眼睛蒙起来，欺骗自己没看到；把自己的耳朵捂起来，欺骗自己没听到；把自己的心藏起来，欺骗自己没受到伤害。

如果一个人连自己都欺骗，又如何期待别人能够对自己坦诚呢？

4. 修身齐家，家和万事兴

古人有云："家和万事兴。"这是百姓最朴素的愿景，希望家庭和睦，希望生活兴旺。在儒家思想中，同样也有"齐家"的思想，是指大宗族或小家族治理有方，团结和睦。

在古代，家族里的每一个成员都需要为宗族贡献一分力量，让家族得以传承和壮大。除此之外，家族的族长还会用"家训"来训诫自己的后辈，赏罚分明，让家族更加团结；用"家风"来激励后辈，让他们懂得什么叫责任和担当。

在唐朝时期，有一个义门陈氏家族，这个家族创造了很多个历史首次：十五代不分家，最终因家族人数庞大引起大唐皇帝的注意；皇帝生怕人数太多不好管理，便下圣旨命令陈氏家族分家；制定了中国古代第一部完整的家法；家族内部创办学校，对内部成员进行义务教育，对家族外部学生推行助学金；创办中国最早的养老院——"寿安堂",安置老人;因为家族里养犬数量太多,出现"百犬同槽"的奇观,被列入吉尼斯世界纪录……

这个家族人数最多的时候有将近四千人。非常难能可贵的是,这个家族的成员几乎没有自己的私心,历代族长都认同汉朝戴圣的《礼运大同篇》:"人不独亲其亲,不独子其子,使老有所终,壮有所用,幼有所长,鳏寡孤独废疾者皆有所养……"整个家族都奉行这一理念,互帮互助,幼儿统一送入学堂,老者统一进入"寿安堂";除此之外,整个家族必须实行"一夫一妻制",不许纳妾。

尽管大唐风气开明,但义门陈氏的家风在封建社会依然具有先进性,成为古代家族之楷模。

在现代社会,随着生活节奏的加快,不仅家族的概念逐渐弱化,至亲之间的团聚也逐渐减少。无形当中,就会让家庭成员之间的关系变得疏远。但对于年轻人而言,我们不能放弃"齐家"的思想,而是要努力将家庭打造成温馨的港湾。

在电视剧里常常出现类似的桥段:从农村或小县城考上大学的男生在大学毕业之后,选择留在大城市打拼,经过自己的努力,终于在大城市买了房结了婚。成家立业之后,男人想把留守在老家的父母接到大城市里一起生活。然而，在农村生活了大半辈子的父母对城市生活并不习惯，常常会产生各种矛盾。妻子对此也有怨言，认为原本平静的生活因为老两口的到来而被打破。

在影视作品里，接下来会上演的就是婆媳争吵、夫妻争吵，男人被折磨得苦不堪言。某网站上，也有很多类似的帖子，故事情节都大同小异。但有一个高赞回复是这样说的。

这位网友在大城市里付了首付之后，先是和妻子商量把父母接过来同住，并约法三章：第一，父母过来之后，所有和父母有关的事情都由他出面解决；第二，妻子受了委屈，只需要在微信上给他发送"1"，他会立刻找借口把妻子叫出去，避免直接产生冲突；第三，如果问题比较棘手，他会给妻子安排一场说走就走的旅行，调节心情，由他来解决问题。

然后，他回老家接父母的时候，也和父母约法三章：第一，对妻子有任何不满都不能大声嚷嚷，可以把他叫出去沟通；第二，妻子是这所房子的女主人，她有权做出任何决定，老两口不要直接反对；第三，遇到问题尽量找他，而不是去找妻子。

刚开始，父母很不习惯这种安排，偶尔也忍不住对妻子说教一番。但他收到妻子的求助微信之后，便"支使"妻子去超市买东西。趁着妻子出门，他又晓之以理动之以情告诉父母，妻子当初不嫌弃自己家境贫寒，愿意和自己努力奋斗，是多么难得的女人，父母如果在意儿子，就不要让儿子为难。

通过男人的努力，父母终于改变了很多固有观念，努力适应全新的相处方式。妻子看到公婆如此尊重自己，在很多小事上也并不计较，老人偶尔惹了小麻烦，她也帮忙去解决。婆婆也愿意听从儿媳的建议去照顾孙女，公公每天都抱着孙女去小区里晒太阳，小夫妻把更多的精力放在工作上，努力给女儿创造更好的条件。

在帖子的最后，这位网友说："家人之所以是家人，不仅仅是血缘关系，更是因为他们是这个世界上我最爱的和最爱我的人，我愿意为了他们付出一切，也愿意为了他们忍受一切。"

我们应该学习如何处理家庭矛盾、理顺家庭关系，而不是遇到问题就逃避。小家庭里的纷争无外乎婆媳关系、夫妻关系、亲子关系；大家族里的纷争无外乎利益不均、分配不均和过往恩怨。有很多事情不是那么难以处理，只是大家更在意自己的感受，而忽略了身边人的感受，从而导致家庭关系紧张。

作为成年人，我们可以在事业上有所建树，可以在学业上精益求精，可以在人生追求上勇敢攀登，为什么不愿意花些时间梳理家庭关系呢？所以，拿出你的耐心和包容，和家人充分沟通，让家变得更温暖、更和谐，也更有利于我们勇往直前。

下 篇

习

在修行中完善自身

第一章　习专业·立身之本

1. 在业内做精益求精的人才

每个人都有自己擅长的领域，也有自己学习数年的专业。在几年的学习基础上，我们更应该精益求精，努力深耕，成为业内不可多得的人才，才不枉费自己的才华。然而，这并不是一件容易的事情，需要付出大量的精力，要全身心地投入其中，并且，在这条道路上，困难重重。

很多年轻人在展望未来的时候，总是怀着满腔激情，觉得自己在几年之后一定能够成为公司里的骨干成员。但日复一日的工作，消耗的不仅仅是我们的时间，还包括最初那份激情。我们变得浑浑噩噩、得过且过，曾经的满腔激情也变成了做一天和尚撞一天钟，变成了"此处不留爷自有留爷处"。

为什么会有这么大的变化？其实答案很简单，因为你放松了对自己的要求。诚然，很多工作带有重复性，时间久了，自然会有疲倦感，但如果我们内心总有一个目标——精益求精，不满足现状，自然会有无穷的动力来源。

中国第一条铁路是京张铁路，总工程师是詹天佑先生。早年间，他在耶鲁大学留学土木工程系铁路专业学习时，就曾在心里立下誓言，中国一定会拥有自己的铁路和轮船，他要成为中国基础建设的亲历者、见证者，甚至是实践者。在留学期间，他每天都刻苦读书，英语不好就苦练英语，学习专业词汇。专业课程上哪个方面不明白，就不停地向老师和同学请教。

毕业之后，詹天佑放弃了美国抛来的橄榄枝，立刻回到中国。恰好那时候清政府正在规划京张铁路，这是中国第一条自主建设的铁路。但是，由于外国对铁路修建技术的限制，清政府不能雇用外国工程师，只能寻找中国工程师来完成这项工作。就在这个时候，詹天佑站了出来，他知道，这条铁路他必须修好。

然而，北京从南口往北，会经过居庸关到八达岭，这一路地形险峻，几乎都是悬崖峭壁，可想而知，搭建铁路的施工难度有多大。

面对这样地势险要的路线，詹天佑没有退缩，而是亲自带领

悟·破·习

工作人员进行实地勘测。詹天佑告诉他们："咱们首先要确保数据精密，不能马虎，更不能有'大概'之类的说法。只要咱们做到足够精密，铁路就能造出来。"工人们被他的精神激励了，铆足了干劲，用并不先进的工具一点点测绘、记录。而詹天佑也运用自己的所学知识，不断改进设计图纸。

在开工后，詹天佑又创立了"中部凿井法"，顺着山势设计出"人"字形的线路，这是一项创举，成功地解决了地形复杂的难题。他不仅出色地完成了任务，还提前两年竣工。这份成绩让那些外国工程师都赞叹不已。

詹天佑在建造铁路时，为了确保项目最终能够成功，他和所带领的团队对数据力求精益求精。难道实地勘测的工作不辛苦、不疲惫吗？但再多的困难都没有挡住詹天佑，京张铁路顺利完工。

可能会有人说，我就是一个很普通的职场员工，也需要精益求精吗？其实，精益求精不在于你从事的是什么行业，担任的是什么职位。精益求精是一种精神，是一种鼓励，是我们对自身的高要求，而不仅仅局限在尖端科技领域。

张秉贵是一名百货商店的售货员。他有两个绝活："一抓准""一口清"。在20世纪50年代，中华人民共和国刚刚成立，百货大楼建成后，很多百姓都来这里购买日常用品，客流量非常大，再加上物资匮乏，所以顾客需要排队很长时间才能买到东西。

张秉贵先后是糕点柜台、糖果柜台的售货员，他看到那么多顾客都在排队等候，就下定决心苦练售货的技术。张秉贵对不同的份量反复琢磨和练习，掌握了速算方法，练就了"一抓准"和"一口清"的技艺。"一抓准"就是顾客说要多少东西，他抓一把上秤，重量就是准的。而"一口清"就是算账的速度非常快，在给顾客包糕点、糖果的同时就能用心算算出应付的金额。这样一来，就节省了很多时间，让后面的顾客减少了排队等待的时间。

张秉贵练习的技艺并不是尖端，只是心算和手感，但这种精益求精的精神和服务态度让他得到了全国劳模的荣誉称号。无独有偶，现在各大银行都会定期举办银行职员点钞比赛，为的就是让他们保持精益求精的精神和为人民服务的态度。

我们应该如何精益求精，又该从哪些方面下手呢？

首先，正确认识自己的优缺点，找到劣势，加以攻克。劣势，不能永远是劣势，我们要取长补短，攻克劣势，而不是放任它。"木桶理论"大家都听说过，一个木桶由很多根长短不一的木条组成，桶的容积不取决于最长的木条，而是取决于最短的木条。同理，长的木条就是我们的优势，可以决定能力的上限，但精益求精的关键不在于无限发挥长处，而是在于找到最短的木条，也就是能力的下限，这样才能增加木桶的容积，也就是我们的能力。

其次，主动学习，不放弃任何学习机会。在工作之余，我们要加强学习，学无止境。精益求精的根本在于不断增加自己的知识量，如果没有知识量的储备，说再多都只是空谈。

最后，持续改进，进一步完善自我。在攻克劣势之后，进行有效的融会贯通，让所学的知识形成整体。

经历过这些，相信你就会明白精益求精的精神所在和核心要素了。正如王夫之在《宋论·太宗》中所说："精而益求其精，备而益求其备。"

2. 制定规划，不虚度光阴

追求梦想就好比是一场长跑，但这段长跑实在是太长了，途中有无数美丽的风景，有无数可供消遣的驿站，让我们忍不住停下脚步。理智告诉我们，不能停下来，但身体却忍不住。如何才能让自己坚持下去呢？

在上学时，我们都做过学习规划，有长期规划（如最心仪的大学），也有短期规划（这个期末我要前进多少名，提高多少分），这种方法在进入社会之后，同样适用。

人生有很多个阶段，在每个人生阶段里，都会有主要目标和次要目标，也会有长期目标和短期目标。它们就好比是追求梦想这条道路上的坐标和参照物，让我们在不断前行的过程中时刻保持清醒的头脑，不被美丽的风景和偶尔的消遣所迷惑。

在各种竞技体育的领域内，有很多非常出色的运动员，取得了举世瞩目的傲人成绩，他们的成功绝非一朝一夕之功。

迈克尔·乔丹作为一名NBA篮球运动员，媒体常常夸赞他惊人的跳跃天赋，称他为"飞人"，但乔丹认为自己之所以能够成功，是因为他每天都能按照计划完成训练。

其实，乔丹最开始热衷的运动并不是篮球，而是棒球，他的父亲特别喜欢观看棒球比赛，但乔丹的哥哥特别喜欢篮球。父亲的工作比较忙碌，乔丹只好跟着哥哥一起玩，哥哥常常带着他在篮球场上消磨时间，久而久之，乔丹也开始喜欢上了篮球这项运动。

上了高中之后，乔丹加入了学校篮球队，开始去打高中联赛。然而，那时候的乔丹身高刚到1.8米，身材也比较瘦弱，身体素质并不好。学校便建议乔丹，想要打好篮球，想要走职业球员的生涯，除了练习篮球技巧外，还要做很多体能训练，锻炼肌肉群。于是，乔丹给自己制订了一系列针对体能的训练计划。篮球比赛有多刺激、多愉悦，体能训练就有多枯燥、多艰苦。每天凌晨四点，乔丹就准时起床，先到篮球场进行三个小时的篮球技能训练，接着是在学校操场里进行长跑训练和体能训练。这样日复一日，年复一年，乔丹终于完成了体能的蜕变，身高也长到了将近2米，入选了全美高中生阵容。

当乔丹正式开始他的篮球生涯之后，也没有放弃制订训练计划，并随时根据身体状态做出调整，以适应高强度的比赛任务，最终成为全球最知名的全能篮球明星。

制订计划，并不是心血来潮，也并非一成不变。乔丹最开始是为了提高身体素质，以求达到更高的篮球技能，所以他做的所有训练计划都是围绕这个目的开展的。随着时间的推移，锻炼初见成效之后，他也会根据身体状态随时调整训练强度和时间。

在制订计划的时候，首先要注意的一点是：切勿好高骛远。很多年轻人在最开始制订计划时，心潮澎湃，觉得自己一定能行，于是定了一个极高的目标。比如，一个中等生在制订学习计划时，上来就是"每天学习十六个小时，理科攻克十个难题，文科背诵十个知识点"，心想，只要每天都这么做，考试提高五十分不在话下。等真正开始学习的时候，所谓的十六个小时里，有多少时间是真正做到有效学习了呢？十个难题和知识点，真正吃透的又有多少呢？

举个简单的例子，每到春天，很多女孩都立志要减肥。看着视频里那些身材曼妙的减肥博主，在心里暗暗下决心：每个月一定要减掉十斤！然后，就是制订减肥计划，每天要保持多少卡路里的热量缺口。然而，理想很丰满，现实很骨感，人的身体就好比是一台精密的仪器，当你开始进入减脂期后，身体也会自然而然地降低消耗，到了月底一上秤，体重只下降了两三斤。于是，你的减肥热情被现实打败了。

其次，要注意随时调整自己的计划。制定的目标就好比是设定的终点，制订计划就是规划抵达终点的路径。有人会说，两点之间直线距离最短，但这条直线有可能并不存在。很多军旅题材的电视剧里都有类似的场景：演习任务里，参加演习的一线作战部队的战士出发后，发现作战任务的路线和现实中丛山峻岭中的路线根本就不是一回事，必须随机应变。在日常生活中，这种情况也会发生，比如我们用导航软件搜索路线，但行驶过程中，前方突然发生事故，造成交通严重拥堵，聪明的司机会立刻选择绕路，为的就是早一点抵达目的地。调整计划也是如此，一方面是为了能够找到更适合自己的路线，一方面是为了规避前方可预见的困难。

最后，就是坚持落实计划本身。计划制订得再完美，如果不去做，也是废纸一张。这也是很多时下年轻人的通病，热火朝天地制订计划，到了该做的时候就开始了严重的拖延，今天拖到明天，明天拖到后天，再往后就不再提及了……

无论制订哪个方面的计划，我们心里都要清楚，计划只是帮助我们实现梦想的手段和可靠的工具，它没有任何魔法，更不是许愿池，需要人的努力才能看到效果；制订计划要考虑实际情况，而不是追求高大上，更不能追求所谓的时间短、见效快。当然，有些女孩愿意把计划做成美观的手帐或计划表贴在墙上，激励自己，也未尝不可。

3. 发展带来新机遇

人生可以重来吗？不可以。

人生道路可以选择重来吗？可以。

随着时代的发展、社会的进步，人生的机遇也迎来了新的选择。很多人都有过类似的经历：学生时代选择专业，并不见得是因为真的喜欢，也没有经过深思熟虑，只是当时舆论都说这个专业好、就业率高、发展前景好，便稀里糊涂地填报了志愿。到了毕业之后找工作时，才发现这并不是自己想要的。人生没有重来的机会，大学时光也不会重来，但毕业之后走哪条路还是可以重新选择的。这是很正常的事情，但这并不是最坏的事情。只要我们确定好了目标，就可以重新选择，但是这一次的选择就需要更加谨慎。

有的人会选择跨专业考研，并通过自己的努力通过考试；有时候，目标专业的基础知识比较关键，有些人会选择重新参加成人高考，以此来弥补专业基础的不足；又或者是直接选择更接近目标的相关工作，在工作的过程中实现跨专业。

  鲁迅先生自幼立志学医，并选择去日本留学，接受西医的专业教学。最开始，他的想法很简单，如果能做一名医生，就能救治很多贫苦的百姓。然而，在上学的时候，有一堂跟细菌有关的课程，老师安排了放映幻灯画片。有一个片段是一群日军抓住了一个中国人，随便找了个理由就要枪毙他。在课堂上，周围的日本人都哄堂大笑，拍手叫好；而一同留学的中国学生目光呆滞地看着这一切，没有做出任何反应。这一幕深深地刺痛了鲁迅的心。此后数个月的时间里，鲁迅都吃不下饭，睡不好觉，脑海中总是浮现出这一幕。

  于是，他决定弃医从文。因为鲁迅认识到了，真正困住中国人的不是身体上的疾病，而是心理的疾病，精神上的麻木比身体上的虚弱更可怕，也更害人。回国之后，鲁迅先生在街道上看到了这样一幕：刽子手对犯人施砍头之刑罚，周围的百姓没有人关心这个人犯了什么罪，是不是该被砍头，是否有冤情，只想拿着馒头去蘸他的血，只因为听说血馒头能治疗肺痨。于是，他开始了自己的写作生涯，并写出了《狂人日记》《阿Q正传》等作品。

这些作品一针见血地指出了百姓们的思想被荼毒已久,唯有一场大变革才能唤醒他们。很快,辛亥革命开始了,无产阶级革命也开始了,沉睡已久的百姓终于被唤醒了,努力参加革命队伍。

鲁迅先生重新选择人生道路是受到时代所影响,他成了那个觉醒年代的先驱者。对于现如今的年轻人而言,重新选择人生道路是为了更好地实现人生价值,找到正确的方向,发挥自己的所长。

还有一种情况是,现代科技的发展日新月异,有些旧产业经过技术变革获得了生机,也有行业会突破技术瓶颈,带来全新机遇。

除了互联网的热潮之外,现如今又新增了新能源汽车产业链。十几年前,新能源汽车只停留在科技概念里,几乎没有人相信,电力能够成为汽车驾驶的动能,所以没有人选择这个专业。现在呢?新能源汽车无论是技术研究,还是电池匹配,都成为短期内最具潜力的专业。

这些产业都是新的发展机遇,如果觉得自己选错了人生道路,又或者是因为知识受限而走错了人生道路,不要紧,完全可以重新出发。但在出发之前,也需要做好如下准备。

首先，明确自己的喜好。想要学好一门专业，兴趣和努力都是必不可少的。重新选择的时候，学习主要以自学为主，这就更考验你是不是能坚持下去，如果有兴趣，就能有事半功倍的效果；如果缺少兴趣，或者兴趣维持的时间不足以支撑你克服的困难，那这就不是你真正想要的。

其次，确定人生目标。它会让你知道你到底想要学到什么程度，做到什么高度。有很多人看到自媒体很热，就一股脑地去做自媒体，但没有核心内容就没有竞争力，最终惨淡收场。

再次，找寻合适的机会。重新选择之后，之前所有的优势都不复存在，想要进入就需要合适的机会。不要急于一时，可以先尝试，再决定是不是要投入进去。

最后，努力地去实践。任何事情都不能停留在口头上，而是要落实在行动上。

第二章　习勤奋·积极应对

1. 要有忧患意识和危机意识

人生就如同赛跑，我们在奔跑，竞争对手同样在奔跑。如果我们停下脚步，迎接我们的必然就是被别人赶超。所以，在内心深处，一定要有危机意识和忧患意识。《论语》里说："人无远虑，必有近忧。"意思是说，如果我们没有做长久的打算，没有危机意识，在短时间内就会出现问题。

所谓的危机意识，不是让我们凭空想象出很多困难，而是要对周围的风险保持警惕。我们不能放任这种风险，随时随地都要想出合适的应对之策。

悟·破·习

挪威的渔民在运输沙丁鱼的箱子里装入鲇鱼来提升沙丁鱼的成活率，因为鲇鱼喜欢转来转去，沙丁鱼为了躲避鲇鱼只好跟着游来游去，避免因缺氧死亡。在职场里，成活率就是那个吊着所有人的重点项目和优质岗位，鲇鱼就是竞标会议和竞争上岗的形式，让充当沙丁鱼角色的员工时刻保持竞争力。

如何保持竞争力？简单说来，就是时刻保持危机意识。危机意识能够激发我们的主观能动性和驱动力。当我们有危机意识的时候，就能够激发自己身体的潜能。运用在工作中，这种潜能就变成了主动完善自我、主动寻找解决方法、主动学习……而这些汇总起来，就是职场人提升自己竞争力的核心内容。

故而，有人这样说："危机意识是成功的开始，因为它让你认识到，每一天都有新的机遇和挑战。"抓住了机遇、赢得了挑战，你就能更上一层楼。

2. 勤能补拙，笨鸟先飞

俗话说，早起的鸟儿有虫吃。在中华民族的道德观里，勤奋，是一项非常优秀的品德。正所谓"书山有路勤为径，学海无涯苦作舟"。

勤奋好学，是每个学生的第一堂课，亦是贯穿人生始终的一堂课。即便我们离开了课堂，但勤奋永远都不应缺席。

东晋大书法家王羲之自幼练习书法，特别勤奋，他每次练完字都在水池里洗毛笔。久而久之，水池里面的水就变成了一池墨水。就是在这日复一日的练习中，他的书法自成一派，成为书法大家。

后来，王羲之的儿子也开始练习书法，他每天写几幅字，就拿去给母亲看，问母亲自己写得怎么样。母亲夸赞他写得好。又过了一段时间，他又跑去问："母亲，我写得好不好？"母亲依然夸赞他。这次，他又追问了一句："那我和父亲谁写得好？"母亲告诉他父亲写得好。儿子有些沮丧地说："总有一天，我一定能超过父亲。"又过了一段时间，儿子又拿着几幅新写的字来问母亲。母亲还是告诉他，父亲写得好，要他继续勤奋练习。儿子就问母亲："我什么时候才能像父亲一样写得好？"母亲把他带到墨池边上问："你看这里面是什么？"儿子说是墨水。母亲告诉他，这是你父亲洗笔时留下的污水，你父亲为了练习书法，将这一池水都染黑了。什么时候你把家里水缸里的水也染黑了，你就写得和你父亲一样好了。

王羲之是举世闻名的大书法家，没有人会怀疑他的儿子没有天赋，但王夫人仍然坚持培养他勤劳练习的品质，付出99%的汗水，换来最终的收获。

现在的互联网上，常常看到有人强调天赋的重要性、基因的重要性，有些家长把"你就不是学习的那块料"挂在嘴边，借此打击孩子。但现实情况是：很多人根本就没有达到运用天赋的阶段，在勤奋这个阶段就被卡住了。

北京大学出了一个"学神"韦东奕，高一的时候，十七岁的韦东奕第一次参加第49届国际数学奥林匹克竞赛，以满分的成绩摘得金牌；第二年，再次参加比赛，同样以满分的成绩取得金牌。后来，被保送至北京大学，又获得硕博连读的资质。

在很多人眼里，韦东奕这么年轻就有如此成就，一定是天赋异禀。但就是这样一个天赋异禀的人，每天的日常起居精简到让所有人瞠目结舌的地步：他每天都穿梭在宿舍和教室之间，过着两点一线的生活；每天学习时间达到十几个小时，去学习的时候，只带两个馒头和一瓶矿泉水，就是为了不耽误研究；面对媒体的镜头，他不修边幅，因为不想把时间浪费在打扮自己上面……

很多网友初次看到他，还以为他是贫困生，但实际上韦东奕的父母都是知识分子，家境优越。只能说明，韦东奕把所有的精力都放在勤奋读书、勤于研究上面。

很多人都羡慕那些天赋异禀的人，想象着他们完全不用勤学苦练，知识点看一遍就会了，实际上，他们仍然要勤奋刻苦，如果没有勤奋，再高的天赋也只能变成"伤仲永"。故而，从古至今，很多名人志士在创造属于他们的奇迹时，都是以勤奋为基石的。

这个世界上有很多聪明的人，但更多的是那么不太聪明、资质平庸的普通人。但这些普通人就不能收获成功吗？非也，正所谓勤能补拙，勤奋就是弥补不足的手段，也是留给普罗大众创造奇迹的方法。

读书时需要勤奋，是因为我们渴求知识，因为知识是武装能力的利器；工作时需要勤奋，是因为我们渴望成功，因为知识能够提升核心竞争力。在公司里，有经验丰富的老师，有海外留学归国的精英，平凡如我们，凭什么站稳脚跟，凭什么脱颖而出？四个字：勤能补拙。

然而，勤奋也是有技巧的，而不是一味地埋头苦干。有些人总是喜欢做无用功，然后假装自己很勤奋。在很多公司里，这类人很常见，他们几乎每天都是最后一个离开公司，但这么长时间的工作，能够完成的工作量却少得可怜。

怎么才能做到有效勤奋呢？首先，要确定勤奋的方向是否正确。在正确的方向上努力，是在一步一个脚印地进步，如果方向错了，那就是不进则退。这就好比，领导让你在A计划里深耕，你却拼命研究B计划，结果B计划早就被领导放弃了，你在错误的方向里再怎么勤奋，也没有任何用处。

其次，要保证高效完成。效率是第一生产力，很多人看似很勤奋，实际上是在浪费时间。如果累了，就去休息。如果在工作，就全身心地投入进去。

最后，不要被低级的勤奋所误导。低级的勤奋是没有目标的努力，就像是没头苍蝇，只会原地绕圈。如果连目标都不清楚，那勤奋的意义是什么呢？要记住，勤奋不是做给别人看的。

3. 再多坚持一下，或许会柳暗花明

坚持不懈，是意志力的体现，亦是中华民族的优秀品德。想要收获成功，勤奋和坚持都是必不可少的要素。

很多人会错误地将"坚持"和"习惯"画等号，实际上，这两者之间有一个本质的区别：习惯是通过时间养成的，尽管它多多少少会让我们去克服一些困难，但整体难度比较低，比如前文中提到的养成晨跑的健身习惯，虽然比较辛苦，但难度等级也就是入门水平；坚持是咬紧牙关努力支撑，难度等级直线上升。

因为一部《西游记》，所有人都知道唐朝玄奘法师西行取经的故事。然而，在历史中的实际情况是，玄奘西行的途中，虽然没有妖魔怪兽，但艰难险阻一个没少。在唐朝，出关要有通关文

牒，但这份通关文牒办理起来，比较费时费力。玄奘决定西行取经之后，等了几天仍然不见通关文牒，他不愿意再等，便只身上路了。最开始，他的西行之路并没有得到唐王朝的官方背书。因为没有通关文牒，长安城的守城军队就以为玄奘是个私自出城的"犯人"，还下令捉拿他。所以在途中，他不能去客栈、驿站等地方借宿，要时刻躲避官方的追捕，入夜后，只能随处找一个背风的地方休息。

玄奘离开长安的时候，还骑着一匹马。但很快，他就进入了沙漠地区。马匹受不住高温和干渴，倒在了沙漠中，玄奘只能只身在沙漠中孤独地行走。可以说，每一天对他而言都是酷刑，大漠、戈壁、黄沙，能不能走出去不知道，能不能抵达也不知道。但玄奘法师从来没想过放弃，咬着牙坚持。最终，他终于走出了流沙，来到西域门户伊吾国。直到这时，他才得到官方的帮助（拿到通关文牒），拥有西行取经的许可。

玄奘西行的道路充满艰辛和危机，但他坚持不懈，最终走到了目的地，取回了真经。对于个人而言，坚持不懈，是通往成功的必经之路。我们必须一步一个脚印，始终坚定地往前走。

在坚持不懈的前行道路上，我们会遇到很多阻碍，比如诱惑、懒惰、得过且过，都可能让我们停下来。但我们不能被它们所迷惑，因为远处还有我们要抵达的彼岸。

当然，坚持不懈地做一件事，是需要极大的毅力和定力的，也会面临极大的痛苦。但这本身就是修行的一部分，也是我们需要承受的。如果没有这份痛苦的坚持，又怎么能感受成功的喜悦呢？正所谓，没有一番寒彻骨，哪得梅花扑鼻香！

再坚持一下，既然已经向前走了九十余步，那就坚持再往前走几步吧。

再坚持一下，相当于再给自己一个机会，让自己离成功再近一步。

当然，如果坚持并没有让你看到希望，并且会让你感到极端痛苦，那么，你可以站在那里休息一下，让身心都得到放松。这就好比是在攀岩，你爬到半山腰，已经喘不上气、四肢无力，如果再坚持下去，很有可能会掉下去。那你就站在半山腰上好好休息，给自己多一点时间调整。如果还能坚持，就继续，如果实在不能坚持，就不要强求。

为了提高坚持下去的动力，也可以适当地采取一些激励措施，让这场修行变得不那么困难。比如，当你取得了某些成就之后，可以奖励自己一点生活的愉悦，喜欢美食的就去大吃一顿，喜欢旅游的就去远方放松身心，回来之后，继续坚持。

坚持和放弃，都是人生的选择。但在什么时候选择坚持，在什么时候选择放下，都需要从心出发。如果坚持让你感到痛苦，看不到希望，只会蹉跎你的内心，那就放弃吧。如果坚持能让你感到人生价值之所在，能让你觉得有动力，那就说明，你的方向是正确的，你的坚持是有价值的。那就继续坚持吧！

第三章　习气度·胸襟宽广

1. 无欲无求，留给自己宽广的空间

"当你无所求时，才会无所不有。"这句话的意思是，人最大的烦恼就是要的太多，拥有的太少，如果反过来呢？如果你要的很少，拥有的东西就变得多了。

可能有人会觉得，这句话很难理解。其实这是一种辩证的思维：世俗里，人们想要温暖的家庭，想要和谐的伴侣，想要事业的成功，想要过命的友谊，但越有所求，就越患得患失，觉得自己拥有的东西太少了，太可悲了；当你跳脱出来，不再追求这些后，就会发现自己拥有健康的身体，看得到日出日落，听得到山

悟·破·习

涧鸟鸣，闻得见百里花香，这不就是拥有了世间万物所有的美好之事吗？

　　人世间的很多烦恼，大多是因为没有参透。在有缘时，不珍惜这来之不易的缘分，随意挥霍；在缘灭后，又想要重新拥有，徒增烦忧。

　　有位得道高僧，他有个爱好，喜欢收集茶壶。很多香客都知道，就把得来的茶壶送给高僧。高僧对此非常随意，富商送的名贵珍品他坦然收下，贫苦人家送来的他也仔细收好。在众多的茶壶中，有一只龙头壶他特别喜欢，造型别致、精巧，那是一位皇室贵族送给他的。

　　有一天，一位大儒来寺庙拜访，和高僧在一起畅谈。为了招待大儒，高僧就拿出龙头壶沏茶。大儒看到造型如此精美的器皿，也非常喜欢，双方还就此茶壶聊了一番。突然，高僧在倒茶时，茶壶不小心掉在地上摔碎了。大儒十分害怕，这毕竟是皇家器皿。但高僧没有太大的反应，只是默默蹲下身子，收拾好碎片，继续坐回椅子上，和大儒聊天。仿佛茶壶碎了这件事根本没有发生一样。

　　大儒便问："这只茶壶就这么摔碎了，你不惋惜吗？"高僧说："事已至此，又该如何？茶壶已经碎了，不能修复了，我还对着它惋惜什么呢？"

高僧的态度非常高明。在大儒的眼里，那只茶壶因为是皇室所赠，代表功名利禄，因为最为喜爱，代表世俗偏爱，所以他会对茶壶摔碎有那么大的反应。但在高僧的眼里，它只是一只茶壶，与何人所赠无关，是否喜欢也无妨，它碎了，就可以放弃了。生出来惋惜之情又有何用？不求就不失去，失去了就不求。

每个人的一生似乎都被数字所束缚，学生时代，成绩是评价标准；工作之后，业绩变成了评价标准。过往的成绩，优秀也好，普通也罢，放下吧，成绩好，只是那段时间的成果，那段时间已经过去了，成绩也就过去了。不要沉浸在过去的优秀里不能自拔，忘记脚下的路；也不要沉浸在过去的失败里走不出，忘了前方的路。

人生在世，多少都会受到一些不公的对待，可能来自领导，也可能来自社会。过往的不平，不甘也好，不愿也罢，公平与否不是绝对的，过分执着，并不能改变不公本身，反而让自己感到心累。

既然在拥有时没有珍惜，失去时就不要再追悔莫及。过往的遗憾，失落也好，悔恨也罢，沉浸其中只会失去现在所拥有的一切。

悟·破·习

2. 不轻言原谅，也不轻言怨恨

不贪、不嗔、不怨、不恨，放下一切随缘。

很多人在工作中觉得没受到公正对待，心生怨恨，怨天怨地；有些人在婚姻里自怨自艾，觉得自己为这个家付出了所有，抱怨命运。但我们都忘了，在进入公司时，我们是为了实现人生价值，是为了赚钱生活；我们步入婚姻，是因为我们真心相爱。

对待不公正待遇，我们不轻言原谅，学会吃一堑长一智。

对待情感上的失落，我们不轻言怨恨，学会坦然接受。

一个老和尚养了一盆兰花，他对这盆淡雅的兰花呵护有加，十分喜欢。在他的悉心照料下，这盆兰花长得非常好，很快就开出了小花，散发芬芳。

有一次，老和尚要外出会友，便把这盆花托付给小徒弟，请他帮忙照看。小和尚很是负责，像师父一样用心呵护兰花。没承想,有一天突降暴雨,狂风把花盆吹翻在地,花盆被摔坏了。小徒弟第二天一早只看到了一地的残枝败叶。

老和尚回来后,小徒弟向他坦白了兰花的事情,并准备接受他的责怪。但老和尚什么也没说。小徒弟觉得非常意外,就问师父:"您不怨恨我吗?"老和尚淡淡一笑,说:"我养兰花,不是为了怨恨谁的。"

任何人都不是为了怨恨才活在世上的。人生有那么多美好的事情,如果把情绪困在过去,那未来的种种美好都将离你远去。

既然过去发生的事情已经无法改变,无论是记恨还是怨恨,都说明心里并没有放下。沉浸在过去的恩怨里,没有走出来。

《吕氏春秋·去私》中曾记载了这样一个故事:晋悼公在位时,南阳空出了一处官职,晋悼公便问大臣祁黄羊:"你看谁可以当这个县官?"祁黄羊说:"解狐合适。"晋悼公闻言,很是吃惊,便问祁黄羊:"寡人听说,解狐是你的仇人,你为什么要推荐他呢?"祁黄羊回道:"大王您问的是谁能当县官,不是问谁是我的仇人。"晋悼公心想,祁黄羊都能放下个人恩怨推举解狐,说明他很合适,就派解狐去南阳做县官。果不其然,解狐上任之后,的确为当地办了不少好事,受到了南阳百姓的爱戴。而祁黄羊也因此受到了对手及君主的敬重,从此成为一代名臣。

祁黄羊之所以能得到重用,是因为晋悼公认为他秉公办事,而不是因为他不记仇。但历史记住他是因为他心胸宽广,不被怨恨所连累。

放下心里的怨恨,其实不是放过别人,而是放过自己。让自己的心空出来,可以装更多更重要的事情和感情。一个人的心里如果装了太多的怨恨,又如何去感受世间的爱意呢?

3. 不与小人论短长

老话说,君子坦荡荡,小人长戚戚,宁可得罪十个君子,也不得罪一个小人。这是来自民间的智慧。诚然,世界上有君子,自然就有小人,他们心胸狭隘、睚眦必报,甚至损人不利己。面对这样的人,与其费心力和他们周旋,倒不如彻底远离。正如《易经》中说:"当时局不利,不可与小人纠缠,需要以退为进。"

唐朝宰相郭子仪是一个心胸坦荡之人，有一天他生病了，朝廷里一个叫卢杞的官员来探望他。郭子仪就让家里的人都躲起来，自己接见了卢杞。郭夫人不明白，就问郭子仪，为什么这么安排。郭子仪说，卢杞相貌滑稽，你们见了肯定忍不住会笑。但这个人心胸狭隘、睚眦必报，将来若是掌握大权，定会报复。我知道他是什么样的人，自然要规避。果然，后来卢杞上位之后，把所有嘲笑过自己长相的大臣都狠狠报复了一遍。

小人之所以称为小人，是因为他们自有一套行事逻辑，只要旁人不符合他们的规则，就是对他们的冒犯。小人都特别喜欢强词夺理，很多话他说可以，你说不行，很多事情他做可以，你做不行。于是，在和他们相处时，你要花费更多的精力，还要提防别祸从口出，惹出祸端。

寒山和拾得是佛界的两位罗汉，在凡间化作两位苦行僧。有一天，寒山被旁人侮辱了，十分生气，就向拾得请教。

寒山："世间有人谤我、欺我、辱我、笑我、轻我、贱我、恶我、骗我，该如何处之乎？"

拾得:"只需忍他、让他、由他、避他、耐他、敬他、不要理他,再待几年,你且看他。"

这就是对待小人应有的态度。如果小人找你麻烦,你上前去解释,难道他就能停手吗?如果小人辱骂你,你上前和他讲道理,难道他就能认识到自己的错误吗?所以,远离这种人,就是远离是非,就是求得心净。

第四章　习为人·坦荡洒脱

1. 善良有度，春暖花开

人之初，性本善。在成长的过程中，面对什么困境，都要心怀善意，但这份善意不是毫无原则的退让，更不是没有底线的妥协。

在很多影视作品里，总会有这样一类人：他们命运坎坷、遭遇凄惨，被同一个人反复伤害，但最终他们都会选择原谅加害之人，那些加害他的人惭愧得痛哭流涕，悔不当初。然而，同样的事情如果放在现实里，你又如何保证他们不会再次伤害你呢？

善良忍让之人，是大度之人。但善良应该有尺度，忍让应该

悟·破·习

有限度。"善良是很珍贵的，但善良如果没有长出牙齿来，那就是软弱。"

电视剧《女心理师》里有一个职场老好人叫莫宇，因为从小成长的环境，让他成为心地善良、特别在意别人感受的人。在工作中，同事经常请他帮忙做事，借口无外乎都是"我太忙了""你心好"，莫宇觉得只要自己善良，肯定能得到同事的尊重。于是，他都应承下来，超负荷地做了很多不属于自己的工作。然而，他的善意没有得到任何反馈。有一次，他又被同事委托帮忙做事，结果这些同事下班后组局去吃饭了，只留下莫宇一个人在办公室里孤零零地加班。还有一次，办公室里新来的员工要请大家吃饭，原本说好了预定公司附近的一家饭馆，但等莫宇做完工作赶过去之后却没看到同事，他们背着莫宇更换了地点却不告诉他……莫宇终于意识到，自己从来都没得到过同事的尊重，也没有融入过这个集体。久而久之，莫宇得了心理疾病，他找到心理咨询师寻求帮助，最终找到了问题的根源。

在职场里有千千万万个"莫宇"，他们都面临过相似的情景。原本是出于善意，原本只是想帮助别人，但最后责任是自己承担，好话也没落下。他们百思不得其解，究竟是哪里出了问题呢？问题就在于，你的善良太廉价了。真正的善良是可贵的，是人性的光辉，是在不经意间流露出的温暖。我们站在同事的角度来看待这些事，就会有不一样的感悟。

你是办公室里一名职员，新来了一个叫"莫宇"的同事，他很喜欢表现自己，常常问大家需不需要帮忙。刚开始，你以为他是憋着什么坏心，有一次，你实在忙不过来，就把一个很琐碎的整理文件的工作委托他帮忙。他特别高兴，二话没说就加班加点地帮你处理。你很感激他，请他喝了一杯咖啡表达感谢。后来，由于工作量骤增，大家都怨声载道，谁想天天在公司加班呢？"莫宇"又来问你要不要帮忙。你当然高兴，就把很多琐事都交给他，请他帮忙。反正这是他主动的，真是搞不懂，怎么还有这么主动加班的人。直到有一次，领导看到他一个人加班，第二天就把大家都批评了一顿，说大家不主动加班，不以公司为家。都怪"莫宇"，原本大家都能按时下班，他非要主动加班，破坏整个办公室的风气。所以，大家都开始讨厌他了，平时的饭局也不愿意带他一起……

人性如此，别人主动表达善意时，会十分感激，但如果这种善意成了常态，就会理所应当地认为，这份善意是廉价的，背后

悟·破·习

肯定有所企图。即便短时间内发现不了，时间久了，捕风捉影也能找到。这时候的善良就失去了价值，甚至可能被歪曲成"心机"。老话说，升米恩，斗米仇，说的就是这个道理。

我们该如何做善事、行善举、怀善意呢？帮助真正该帮助的人，在不经意间给予，润物无声，且不求回报。并且，善良应该是重心不重行，只要我们对这个世界心存善念，不一定非要做点什么才能表示善良与否。如果这件事情我不做，内心会觉得愧疚，有时会觉得悔恨，那就毫不犹豫地去做，不要计较得失，不要在意别人的评价。

最后，愿世间所有的善良，都不被辜负，至少能获得内心的平静。

2. 学会隐忍，才是真的成长

老话说，退一步海阔天空，忍一时风平浪静。于是，懦弱之人找到了隐忍的理由，无论遇到什么不公正的待遇，都会摇头苦笑道："忍忍吧，忍忍就过去了。"然而，很多人都忘记了一句话："泥菩萨尚有三分火气。"意思是说，再老实的人都会有气性，如果被欺负得过分了，也会爆发出反抗的力量。

隐忍，原本是一种风度，我知道我占理，但为了平息事态，我愿意退一步。但有些事情、有些人，不值得我们一而再，再而三地隐忍。

当隐忍换来的是变本加厉的伤害时，那退让本身就变成了懦弱。一个懦弱的人，一个不能维护自身利益的人，在普通人眼里，或许只是胆小，但在恶魔眼中，那就是赤裸裸的猎物。

真正的隐忍是有的放矢，是要让对方知道自己的态度。很多人一生都解不开身上的枷锁，面对亲情、友情、爱情，似乎总能给自己找到隐忍的理由，直到被逼上绝境。

电视剧《欢乐颂》中的樊胜美就是这样一个角色。她有着一份体面的工作，肤白貌美，但她的家庭成了她通往幸福最大的障碍。她出生在一个极度重男轻女的家庭里，每次父母遇到事情、哥哥遇到事情、侄子遇到事情，就会找到她让她帮忙解决。

樊胜美只是一个在大城市打工的普通职工，她没有手眼通天的本事，每个月拿着固定的薪水，在大都市里艰难度日，除了给父母寄去生活费之外，她也很难存到钱。父母每一次额外的要求，她嘴上抱怨着，却一次次满足他们，最终把自己弄得筋疲力尽。

悟·破·习

无疑，在现实生活中，还有很多个"樊胜美"。他们总是有一个软肋，一次又一次被迫妥协、被迫退让。但隐忍换不来安宁，也换不来感激。

人，会形成路径依赖。当你不断退让，以此来满足别人的需求时，就会给对方留下"下次还可以这么做"的错觉。他们一次次地试探你的底线，进进退退间，消磨的是你的生命。

人活一世，我们都想做一个温暖的人、包容的人，但温暖是要给值得的人，包容要有限度，退让必须有尺度，隐忍也必须有底线。如果没有这些，生活就会变成一地鸡毛，麻烦也会随之而来。

3. 坚持原则，固守底线

佛法中有十戒：不杀生、不偷盗、不邪淫、不妄语、不饮酒、不涂饰、不歌舞及旁听、不坐高广大床、不非时食、不蓄金银财宝。戒，即底线，不可逾越。故而，佛教的清规戒律是非常严格的，如果犯戒必被严惩。

电视剧《少年包青天》里有这样一个场景：展昭带领包拯一行人回到他长大的地方——相国寺。在历史中，相国寺即大相国寺，是北宋时期的国寺，备受皇室重视。主角一行人游览相国寺的时候，路过"思过崖"，看到掌管戒律院的戒贤法师正在监督受罚弟子敲棒子。展昭介绍道，这些弟子是因为迟到才被处罚，而且惩罚措施非常严厉，要敲断十根木棒。就在包拯质疑是否太过严苛时，展昭解释说，惩罚不过是一种形式，只是为了让这些犯错的弟子在处罚中继续修行。

这不过是电视剧里的戏说情节，但也足以彰显出佛教对于坚守原则、坚守戒规的重视程度。对于普通人而言，坚守原则是一种发自内心的克制。正如冯骥才所言："一个人只有守住底线，才能获得成功的自我与成功的人生。"

何为底线？何为原则？这在每个人的心里都不一样，因人而异，不能一概而论。

有的人认为，做人就要做正直的人，一辈子都在追求公平公正，也希望能够获得平等对待；有的人认为，做人就要做诚实的人，一辈子不说谎，也特别痛恨被欺骗；有的人认为，要做忠诚的人，对待感情特别认真，最痛恨被身边的人背叛……简单说来，每个人的心里都有自己的标尺，依次标注着他所在意的东西。

著名科学家钱学森一生都坚持四个原则：一不题词，二不为他人写序，三不出席应景活动，四不接受媒体采访。

当一个人有了名望和地位之后，往往会有很多人来请他题词。一方面是借题词人来扬名，另一方面是为了增加双方的名气。但这样做也存在弊端，稍有不慎，很容易败坏自己的名声。钱学森不愿意蹚这浑水，故而定下了这个规矩。

曾经有学生来找钱学森，拿着自己的学术著作想请钱学森写序，但钱学森拒绝了。他认为，借名师作序的学生只是急于一举成名，不想做学术研究的"冷板凳"。如果帮助他，反而是害了他。为了避免再发生类似的事情，于是，他拒绝为别人作序。

很多活动都是打着某某旗号举办的庆典或是会议。钱学森不愿意参加这样的活动，因为把时间都消耗在应酬上，哪有时间搞科研呢？这就有了第三个原则。

不接受媒体采访主要是因为时间太紧、采访内容流于表面，除了十分必要的采访之外，其余的一概拒绝。他认为，要将有限的时间放在更有意义的工作上，而不是接受毫无意义的采访。

不仅如此，他还拒绝别人为他塑像。20世纪90年代初，某高校想要为钱学森立功德碑和塑半身铜像，想以此来激励该校学生的斗志。但钱学森知道后，坚决反对，他说："一个还活着的人，为什么要立功德碑？又怎么能定义他的功德呢？塑半身像也毫无意义。"

钱学森的四个原则主要都体现在他淡泊名利的方面，但终其一生都能遵守这四个原则，实属难能可贵。要知道，这四个原则里，前两个对应的是人际关系——师生、朋友，能够坚持原则并不容易，尤其是面对自己的学生，很容易心软。后两个对应的是社会关系，很多活动、会议和采访都是有具体意义的，但钱学森绝不破例。

明朝政治家张居正说："天下之事，不难于立法，而难于法之必行。"意思是说，在这个世界上，制定规则并不难，难的是遵守规则。对于大多数人而言，遵纪守法是最基本的坚守原则，但我们应该有更高的追求。

中华民族是一个有着高道德标准的民族，很多大家族都有自己的家风、祖训，这是千百年来独属于中华民族的"家文化"传承，展现出整个家族必须奉行的道德规范、必须遵守的行为准则。即便是现在，也有很多历史悠久的家族延续这个传统，这也是培养家族成员道德观的一种方法，教育后代要做遵守礼义廉耻、道德高尚的人。而接受这些教育的人自然就会有比较高的道德水准，会以传统礼义廉耻来要求自己。

4. 乐观洒脱，此心安处是吾乡

白居易说："随富随贫且欢乐，不开口笑是痴人。"人生不过数十载时光，在时间面前，每个人都是平等的。我们拥有同样的岁月，却得到了不同的感悟。

人生本就是一个上山再下山的过程，上山有上山的乐趣，迎接挑战，克服困难，会遇到志同道合的人，也会遇到风风雨雨；站在山顶时，有一览众山小的气魄，有会当凌绝顶的壮志豪情，也有对上山艰辛的感叹；下山有下山的领悟，接受身体的疲倦，学会有舍才有得，到最后，感谢自己不曾退缩。

我们不断地迎接，也不断地失去，迎接新一天的到来，就要挥手和昨天告别。但不论心境如何，这些都不会改变。既然如此，不如做个洒脱之人，接受一切的好，也接受一切的不好。

洒脱，并不是死心。很多人在求而不得之后，会错误地将二者混为一谈。洒脱是对得失的淡然，是对未来的乐观和豁达，而死心是计较过得失之后的失落，是对未来的悲观和消极。

苏轼就是一个非常洒脱的人。当年，他参加科举考试并中举后，意气风发，一时无两。后来，他因为"乌台诗案"被贬，仕途始终不顺。苏轼起初也曾感慨命运的捉弄。然而，苏轼并没有一直消沉，而是寄情于山水，写下《定风波·南海归赠王定国侍人寓娘》，其中一句"试问岭南应不好，却道：此心安处是吾乡"更是点出了苏轼内心的洒脱与安宁。

后来，他在杭州任职时，不仅写诗，还研究美食。东坡肉就是在那时研制出来的。他在任职的头两年，杭州连下暴雨，导致太湖湖水泛滥。苏轼作为地方官，整日忙着疏通河道、建筑堤坝、救济灾民，老百姓看在眼里，记在心里。待洪水退去之后，百姓抬了一头猪来感谢他。苏轼让人将猪肉切成方块，做成红烧肉，分给百姓们一同享用。后来，当地百姓也学着这么做，就流传开了。

在仕途里遇到坎坷，苏轼也有过低落的情绪，但他没有被这种情绪所左右。在很多作品中都能看出，他的生活非常充实，作诗、品酒、吃美食、聚好友，好不惬意。他没有因为自己被贬就后悔所做的事情，也没有因此而怀疑自己的能力，更没有因此而一蹶不振。

即便身处逆境，洒脱之人也能够自娱自乐，不会让负面情绪影响自己的心情。他们不会因为一次失败就质疑自己的能力，也不会陷入自证的漩涡，只会淡然地接受。这是需要境界的，很多人总是沉浸在自己的情绪里而无法自拔，被情绪左右，忘记自己究竟该做什么事，从而不能达成内心的豁达。

其实，人生在世，有太多美好的事物和情感值得我们去追寻：祖国的大好山河等待我们去欣赏，各种美食等待我们去品尝，有趣的灵魂等待我们去相识，为什么要把时间和精力放在让我们内耗的负面情绪里呢？

对待不平之事，洒脱一些吧，它们不值得我们多看一眼、多想一次；对待不良之人，洒脱一些吧，他们不值得我们为之神伤。